U0179879

—— 作者 ——

# 迈克尔·霍斯金

　　曾任剑桥大学科学史系和科学哲学系系主任，教授天文学史30年。1970年创办《天文学史》杂志，并任主编40余年。曾任国际天文学联合会天文学委员会副主任，并曾作为唯一的历史学家受邀在该联合会讲学。2001年，该联合会将12223号小行星命名为"霍斯金星"。

[英国]迈克尔·霍斯金 著 陈道汉 译

牛津通识读本·

# 天文学简史

## The History of Astronomy

A Very Short Introduction

译林出版社

**图书在版编目（CIP）数据**

天文学简史 ／（英）迈克尔·霍斯金（Michael Hoskin）著；陈道汉译.
—南京：译林出版社，2023.1
（牛津通识读本）
书名原文：The History of Astronomy: A Very Short Introduction
ISBN 978-7-5447-9441-1

Ⅰ.①天…　Ⅱ.①迈…　②陈…　Ⅲ.①天文学史－世界
Ⅳ.① P1–091

中国版本图书馆 CIP 数据核字（2022）第 178830 号

*The History of Astronomy: A Very Short Introduction*, First Edition by Michael Hoskin
Copyright© Michael Hoskin 2003
*The History of Astronomy: A Very Short Introduction*, First Edition was originally published in English in 2003. This licensed edition is published by arrangement with Oxford University Press. Yilin Press, Ltd is solely responsible for this Chinese edition from the original work and Oxford University Press shall have no liability for any errors, omissions or inaccuracies or ambiguities in such Chinese edition or for any losses caused by reliance thereon.
Chinese edition copyright ©2023 by Yilin Press, Ltd
All rights reserved.

著作权合同登记号　图字：10-2014-197 号

**天文学简史**　　[英国] 迈克尔·霍斯金 ／ 著　　陈道汉 ／ 译

责任编辑　　杨雅婷　於　梅
装帧设计　　孙逸桐
校　　对　　梅　娟
责任印制　　董　虎

原文出版　　Oxford University Press, 2003
出版发行　　译林出版社
地　　址　　南京市湖南路 1 号 A 楼
邮　　箱　　yilin@yilin.com
网　　址　　www.yilin.com
市场热线　　025–86633278
排　　版　　南京展望文化发展有限公司
印　　刷　　徐州绪权印刷有限公司
开　　本　　850 毫米 ×1168 毫米　1/32
印　　张　　3.875
插　　页　　4
版　　次　　2023 年 1 月第 1 版
印　　次　　2023 年 1 月第 1 次印刷
书　　号　　ISBN 978-7-5447-9441-1
定　　价　　59.50 元

# 序 言

江晓原

天文学作为一门自然科学，有着与其他学科非常不同的特点。例如，它的历史是如此悠久，以至于它完全可以被视为现今自然科学诸学科中的大哥（至少就年龄而言是如此）。又如，它又是在古代世界中唯一能够体现现代科学研究方法的学科。再如，它一直具有很强的观赏性，所以经常能够成为业余爱好者的最爱和首选；而其他许多学科——比如数学、物理、化学、地质等等——就缺乏类似的观赏性。

由于天文学的上述特点，天文学的历史也就比其他学科的历史具有更多的趣味性，所以相较于别的学科，许多天文学书籍中会有更多令人津津乐道的故事。例如，法国著名天文学家弗拉马利翁的名著《大众天文学》里面充满了天文学史上的逸闻趣事——事实上，此书几乎可以当作天文学史的替代读物。

西人撰写的世界天文学通史性质的著作，被译介到中国来的相当少，据我所知此前只有三部。这三部中最重要的那部恰恰与本书大有渊源，那就是由本书作者霍斯金主编，被西方学者誉为"天文学史唯一权威的插图指南"的《剑桥插图天文学史》（*The*

·1·

*Cambridge Illustrated History of Astronomy*）。

迈克尔·霍斯金（Michael Hoskin）是剑桥丘吉尔学院的研究员。退休前曾在剑桥为研究生讲授天文学史30年。在此期间他还曾担任科学史系主任。1970年他创办了后来成为权威刊物的《天文学史》杂志（*Journal for the History of Astronomy*）并任主编。在国际天文学联合会（International Astronomical Union）和国际科学史与科学哲学联合会（International Union for the History and Philosophy of Science）的共同赞助下，他还担任了由剑桥大学出版社出版的多卷本《天文学通史》（*General History of Astronomy*）的总主编。这本《天文学简史》则可以视为上述多卷本《天文学通史》的一个纲要。

天文学的历史非常丰富，但是在传统观念支配下撰写的天文学史，则总是倾向于"过滤"掉许多历史事件、人物和观念，"过滤"掉人们探索的过程，"过滤"掉人们在探索过程中所走的弯路，"过滤"掉失败，"过滤"掉科学家之间的钩心斗角……最终只留下一张"成就清单"。通常越是篇幅较小的通史著作，这种"过滤"就越严重，留下的"成就清单"也越简要。本书正是这样一部典型作品。

这种作品的好处是，读者可以比较省力地获得天文学历史发展的大体脉络，知道那些在传统观念中最重要的成就、人物、著作、仪器、方法等。这类图书简明扼要，读后立竿见影，很快有所收获。

这种作品的缺点是，读者所获得的历史图景必然有很大缺失——归根结底一切历史图景都是人为建构的,故历史哲学家有"一切历史都是思想史""一切历史都是当代史"这样的名言。人为建构的历史图景,永远与"真实的历史"——我们可以假定它确实存在过——有着无法消除的距离。

历史图景之所以只能是人为建构的,根本原因之一就在于史料信息的缺失。而历史的撰写者,无论他撰写的史书是如何卷帙浩繁、巨细靡遗,都不可能完全避免上面谈到的"过滤",这就进一步加剧了史料信息的缺失。况且每一个撰写者的"过滤"又必然不同,结果是每一次不同的"过滤"都会指向一幅不同的历史图景。

所以,历史永远是言人人殊的。

2010年3月25日
于上海交通大学科学史系

# 目 录

第一章

# 史前的天空

    天文史学家主要依靠遗存下来的文献（古代文献在数量上比较零散，绝大多数的文献出自近代）以及仪器和天文台之类的人造物进行研究。但是，在文字发明**之前**就生活于欧洲和中东的人的"宇宙观"中，我们能够发现天空所起的某些作用吗？是否曾经甚至有过一种史前的天文科学，使当时的某个杰出人物得以预告交食现象？

    为回答这些问题，我们主要依仗遗存下来的石碑——它们的排列、它们和地形的关系以及我们在某些石碑上发现的雕刻（通常是意义不明的）。当某一块石碑很独特时，根本的判断方法问题就最容易受到争议。例如，巨石阵在一个方向朝向夏至日的日升，而在另一个方向则朝向冬至日的日落。我们怎么能认定，这样一种在我们看来具有天文学意义的排列，正是巨石阵的建筑师因为该理由而选择的呢？它会不会是出于某种非常不同的动机或甚至是纯属偶然呢？另举一个例子，一座建于公元前3000年左右的石碑朝向东方，可能是因为金牛座中的亮星团即昴星团在东方升起，可能是因为它朝向夏至和冬至日升方向的中点，可能是因为在那个方向有一座神圣的山，或者选择这个方向只不过是为了利用地面的坡度。我们如何能判定,建造者怀有的是其中的哪一个想法(如果有的话)?

当论及散布于广阔地域中的大量石碑时,我们就不会那么盲目了。西欧的考古学家研究了石器时代晚期(新石器时代)的公墓,那个时候狩猎者的游牧生活已经被农夫的定居生活所取代。这样的坟墓为氏族的需要服务了许多年,因而它们都有一个入口,当有需要时,其他的尸体可由此放入。我们能够确定,坟墓的朝向正是里面的尸体通过入口向外"眺望"时的视线方向。

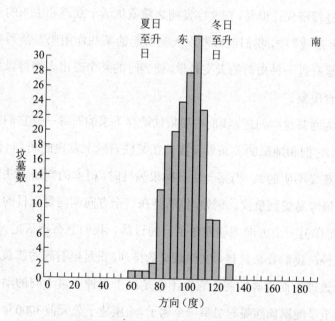

图1 葡萄牙中心区及邻近的西班牙地区177座七石室坟墓朝向的直方图。当计入地平高度后,我们发现,每座坟墓都在一年的某个时候朝向太阳升起的方向,大多是在秋天的月份里,我们可以料想当时建造者正好有闲从事这样的工作。这一点符合将坟墓朝向开工这天太阳升起方向的习惯,如同后来在英格兰和别的地方建造基督教堂时所惯常实行的那样

在葡萄牙中心区有很多这样的坟墓，它们具有独特的而且是瞬间即可辨认的形状和构造，由习俗相同的人们所建造。它们散布在东西长约200千米，南北宽度也近200千米的一个无山地区，但是作者曾经测量过的177座坟墓全都面朝东方，在太阳升起的范围以内。

不仅如此，秋冬季节太阳升起的方向也是被优先考虑的。现在我们从书面记载得知，在许多国家基督教堂的传统朝向为日升方向（一年中两次），这是因为冉冉升起的太阳是基督的象征；建造者通常在建设开始之日使教堂面向日升方向来保证这一点。假定新石器时代的这些坟墓建造者遵循相似的习俗，假设他们也将升起的太阳视为一个生命来临的象征，既然他们无疑在收获之后的秋冬季节才有空闲从事诸如此类的工作，我们就有望发现我们实际所发现的朝向模式；难以想象任何其他解释可以说明这种引人注目的朝向。因此，推断新石器时代的建造者将他们的坟墓朝向定为日升方向，应该是合理的。

如果事实确是如此，那么我们有证据认为，天空在新石器时代宇宙观中所起的作用，就同它在教堂建造者的宇宙观中曾起过（和正起着）的作用一样，但是，这同"科学"无关。几十年前一位退休工程师亚历山大·汤姆主张史前欧洲的确存在一种真正的天文学，他查勘了英国境内的几百个石圈①。汤姆认为，史前的建造者在设置石圈的位置时会确保从这些位置看出去，太阳（或月

---

① 巨石构成的环形遗迹。——书中注释均由译者所加，以下不再一一注明

亮）会在某个重要的日子——例如，就太阳而言，为冬至日——在一座远山的背后升起（或落下）。在至日前后几天以内，太阳差不多在地平线的同一位置升起（或落下），只有用很精密的仪器，才可以确定至日的正确日期。依据汤姆的说法，史前的杰出精英们利用石圈和远山构成了范围达方圆数英里的仪器；他们利用太阳周和太阴周的知识，能够预报交食现象并由此确立了他们在人群中的优势地位。

汤姆的工作激起了人们巨大的兴趣，当然也引发了争议。但是，人们重新调查他的研究场地后能得出这样的结论：他知道他挑出的那些远山会符合其观念，而这样的排列可能纯属偶然并且和史前建造者没有任何关系。现在几乎没有人相信汤姆的猜想了，然而任何一个试图理解史前宇宙观的人都应该因为他将注意力引向这样的问题而感激他。

我们可以肯定，在史前时期，天空至少为两类人（航海者和农夫）的实际需要服务。今天，在太平洋和别的地方，航海者利用太阳和恒星探寻他们的航程。史前地中海的水手无疑也是如此，但是在这方面几乎没有什么资料留存下来。关于农历——农夫始终需要知道何时播种及何时收获——我们倒有些线索。即使在今天，在欧洲有些地方，农夫还在利用希腊诗人赫西俄德（约公元前8世纪）在《工作与时日》中为我们描述的天象。每年太阳在恒星之间完成一次巡回，所以某颗恒星（例如天狼星）会因为太靠近太阳而有几个星期在白昼不可见。但是，随着太阳的继续运动，天狼星在拂晓的天空中闪现的日子就会来临，这一刻即为"偕日升"。赫西俄德描述了偕日升序列，他那时的农夫把这一序列用于他们的历法中，而这就定然将前几个世纪里汇集起来的知识和经验浓缩入其中。令人惊讶的是，似乎有早得多的这样一个序列被铭刻在马耳他姆那德拉寺院的柱子上，这个寺院的历史可追溯到公元前3000年左右。我和我的同事找到了一连串似为计数单位的雕刻的小洞，在分析了数目之后，我们发现它们很好地表述着一次重要的偕日升和下一次之间所隔的日数。正如我们将要看到的，天狼星的偕日升很快就在附近埃及的历书中起到了关键的作用。

# 古代天文学

现代天文学的开端最初在公元前第三个和第二个千年的史前迷雾中浮现,起始于在埃及和巴比伦发展起来的日趋复杂的文化。在埃及,一个辽阔王国的有效管理依赖于一部得到认可的历法,而宗教仪式要求有在夜间获知时刻以及按基本方向定出纪念物(金字塔)方位的能力。在巴比伦,王位和国家的安全依赖于正确解读征兆,包括那些在天空中被见到的征兆。

因为在太阴月或太阳年中没有精确的日数,同样在一年中也没有精确的月数,所以历法历来是,现在也依然是难以制定的。我们自己月长度的异常杂乱正说明这是自然界向历法制定者提出的一大难题。在埃及,生活为一年一度的尼罗河泛滥所主宰。当人们注意到这种泛滥总是发生在天狼星偕日升前后,也就是当这颗恒星在经历了几周的隐匿后再度出现于破晓的天空中时,他们就找到了历法问题的一种解决方案。因此,这颗恒星的升起可以被用来制定历法。

每年由12个朔望月和大约11天构成,埃及人从而制定出一种历法,其中天狼星**永远**在第12个月中升起。倘若在任一年中,天狼星在第12个月中升起得早,来年就还会在第12个月中升起;

但若在第12个月中升起得晚，除非采取措施，否则来年天狼星将在第12个月过完之后才升起。为了避免这样的事发生，人们就宣布本年有一个额外的或"插入的"月。

这样一种历法对于宗教节庆而言是适宜的，但对于一个复杂和高度组织化社会的管理而言则不然。所以，为了民用目的，人们制定了第二种历法。它非常简单，每年都是精确的12个月，每个月由3个10天的"星期"组成。在每年的末尾，人们加上额外的5天，使得一年的总日数为365天。因为季节年实际上稍长数小时（这就是我们有闰年的原因），所以该行政历法按照季节缓慢地周而复始；但是为了管理上的方便而采用这样一种不变的模式还是值得的。

因为有36个10天构成的"星期"，所以人们在天空中选用36个星群或"旬星"，使得每10天左右有一颗新的"旬星"偕日升起。当黄昏在任一夜晚降临时，许多旬星将在头顶显现；到了夜晚，地平线上将每隔一段时间出现一颗新的旬星，标志着时间的流逝。

天空在埃及的宗教中起着重要的作用，因为在其中神祇以星座的形式出现，埃及人在地球上花费了巨大的人力，以保证统治着他们的法老有朝一日会位列其中。公元前第三个千年，法老的殡葬金字塔几乎精确地按南北方向排列成行，我们从中看到了一些端倪，关于这一排列是如何实现的，已有诸多争论。有一个线索来自排列的微小误差，因为这些误差随建造日期而有规律地变化。最近有人提出，埃及人可能是参照了一条虚拟的线，这条线连接两颗特殊的恒星。在所有时间里，这两颗恒星都可以在地平线上见到（拱极星），当该线垂直时，就取朝向这条线的方向为正北。若是如此，由于地轴摆动（称为进动）所致的天北极的缓慢运动就可以解释这种有规律的误差。

埃及人为他们几何学和算术上的原始状态所制约，对恒星和行星的更难以捉摸的运动不甚了了，尤其是他们的算术几乎是无一例外地用分子为1的分式来运算。

与之相对的是，公元前2000年，巴比伦人发展了一套算术符号，这一项了不起的技术成为他们在天文学上获得显著成就的基础。巴比伦的抄写员取用一种手掌大小的软泥版，在上面用铁笔刃口向外侧刻印表示1，平直地刻印表示10，按需要多次刻印，就可以写出代表从1到59的数字，但是到60时，就要再次使用1的符号，就像我们表示10这个数字那样，类似地可以表示$60 \times 60$，$60 \times 60 \times 60$，等等。在这个60进制的计数系统中，可以书写的数字的精确性和功能性是没有限定的，甚至在今天我们仍然在继续使用60进制来书写角度以及用时、分和秒来计算时间。

巴比伦宫廷官员对所有种类的征兆都保持着警惕——尤为关注的是绵羊的内脏——他们保留着任何一个不受欢迎但接着发生的事件的记录，以便从中吸取经验：当征兆在未来再次出现时，他们就会知道即将到来的灾难的性质（该征兆是一种警示），于是就举行适当的宗教仪式。这就促使人们汇编了一部包含7000个征兆的巨著，它成形于公元前900年。

此后不久，为了使他们的预测更为精确，抄写员开始系统地记录天文（及流星）现象。这样的记录延续了7个世纪，太阳、月球和行星运动的周期开始逐渐地从记录中显现。借助于60进制计数法，抄写员设计出运算方法，利用这些周期来预报天体的未来位置。例如，太阳相对于背景星的运动在半年中加速，在半年中减速。为了模拟这种运动，巴比伦人设计了两个方案：或者假定半年采用一个均匀速度，半年采用另一个均匀速度；或者假定半年采取匀加速运动，半年采取匀减速运动。两者都仅仅是对真实情况的人为模拟而已，但他们完成了这项工作。

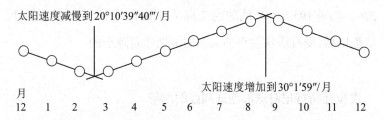

图2 巴比伦人对太阳相对于背景星运动速度的第二套模拟方案的现代表达。其中的数值见于公元前133年或前132年的泥版。在这个由人创制的但便于运算的表示法中，太阳的速度被想象成在6个月中作匀加速运动，然后在随后的6个月中作减速运动。人们发现这一方案的准确性能令人满意

　　对于公元前4世纪以前的希腊天文学，我们的知识非常零碎，因为很少有那个时期的记载留传下来，而我们所拥有的，很多是即将被亚里士多德（公元前384—前322）抨击的主张中的引证。但有两个方面引起了我们的注意：首先，人们开始完全按照自然条件来理解自然，而没有求助于超自然；第二，人们认出了地球是个球状体。亚里士多德正确地指出，月食时地球投射在月面上的影子总是圆的，只有当地球是一个球体时，才会如此。

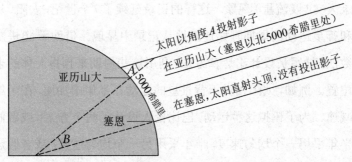

图3 埃拉托斯特尼为了测量地球所用的几何方法，角度A和B是相等的

希腊人不仅知道地球的形状，而且埃拉托斯特尼（约公元前276—约前195）还对地球的实际大小做出了相当准确的估计。从那以后，受过少量教育的人都知道地球是球形的。

### 埃拉托斯特尼对球形地球周线的测量

埃拉托斯特尼相信，在现称阿斯旺①的地方，夏至日的正午，太阳位于头顶，而在阿斯旺正北5000希腊里的亚历山大，太阳的位置与太阳直射头顶处的距离为一个圆周的1/50。如其如此，则简单的几何计算显示，地球的周长是5000希腊里的50倍。希腊里的现代等值是有争议的，但无疑250000希腊里这个值是近似正确的。

看起来，天空也是如此。我们始终看见的正好是天球的一半，因此地球必定位于天球的中央。于是经典的希腊宇宙模型形

---

① 古称塞恩。

成了：一个球形地球位于一个球形宇宙的中心。

在艾萨克·牛顿时代仍被用于剑桥大学教学的亚里士多德多卷著作中，亚里士多德比较了位于宇宙中心的地球区——几乎延伸到远至月球处——和位于其外的天区。在地球区，变化、生死、存灭都在发生。地球在最中心；环绕着地球的是水层，然后是大气层，最后是火层。物体由这些要素按不同比例构成。在没有外力的情况下，物体会按直线运动，或者向着地心或者背离地心，从而使得与地心的距离合乎其元素构成。于是，本质似泥土的石头向着地心坠落，而火焰则向着火球升腾。

紧接着，火球之外就是天区的开始。在天区里，运动是周期性的（从不是直线运动），所以不存在真正的改变。天空最高处是转动着的球层，由不可计数的"固定"恒星构成，之所以说"固定"，是因为恒星的相对位置从不改变。不固定星体的数目正好是7个：月球（明显是所有星体中最近的）、太阳、水星、金星、火星、木星和土星。这些星体相对于固定恒星运动着，并且因为它们的运动是永远变化的（的确，5个较小的星体实际不时地反向运动），所以被通称为"流浪之星"或"行星"。亚里士多德的老师柏拉图（公元前427—前348/前347）天生是个数学家，曾视行星为对他的信念（我们生活在一个受规律支配的和谐宇宙中）的一种可能的反驳。但是，这是否也可能表明，行星的运动实际上像恒星的运动一样具有规律，唯一的差别是支配行星运动的规律更为复杂而不是一目了然？

应对挑战的是几何学家欧多克斯（约公元前400—约前347），

他为每颗行星设定了一个由三四个同心球构成的叠套系统,用于以数学方法演示行星的运动终究是有规律的。他想象每颗行星位于最内球层的赤道上,该球作匀速转动并携带着行星运动,它的极被认为嵌入边上的球中并被其带动着也作匀速转动。第三个和(就较小行星而言)第四个球的情况也是如此。每个球的转动轴的角度都经过仔细地选择,其转动的速度也是如此。每种情形下,最外层的球产生该行星绕地球的周日轨迹,例如,月球诸球分别按24小时、18.6年和27.2日的周期作匀速转动,所以月球的合成运动反映着所有这三个周期。

对于5颗较小行星中的每一颗而言,其中两个天球的速率相

图4 依照欧多克斯的说法,月球运动所展示的数学模式。设想月球位于最内球层的赤道上,该球层每月旋转一周,这个球的极嵌入中层天球,中层天球每18.6年旋转一周,这个周期与交食周期相似,中层天球的极嵌入外层天球,外层天球每天旋转一周

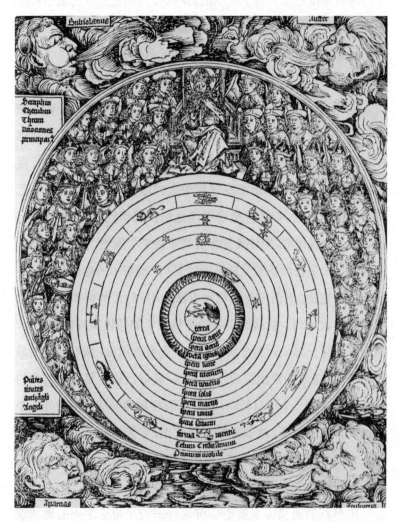

图5 1493年出版的《纽伦堡编年史》描绘了基督教化了的亚里士多德的宇宙。中心是4种元素（土、水、气、火），然后是行星球（月球、水星、金星、太阳、火星、木星和土星），接着是恒星天球、水晶天堂球和第一推动者。最外面我们看到的是上帝被9个等级的天使簇拥着

等但方向相反地绕着差别细微的轴转动,因而这些球将赋予行星一种呈现8字形的运动,使得由四球叠套而成的整个系统不时地产生向后的运动。

至此,一切是如此美好。但在这些几何模型中,较小行星的向后运动(逆行)完全有规律地重复着,明显不重现那种在天空中我们实际所见的行星的乖僻运动。而且,模型迫使每颗行星维持在与中心地球距离恒定的位置上,而在真实世界里,较小行星的亮度以及与我们的距离变化都很大。这样的缺点会使一个巴比伦人觉得讨厌,但该模型足以满足柏拉图那代人,他们认为宇宙确实是有规律的,即使其规律有待于被完全阐明。

亚里士多德经受着非常不同的限制:模型中的球是数学家心目中的构建物,因而没有用物理方法说明,行星如何如我们所见的那样开始运动。他的解决办法是将数学的球转换成物理实体,并将它们联合起来为整个系统构建一个叠套组合,所有球层的最外一个,也就是固定恒星的那个天球,其周日旋转足以向其内的每颗行星施加一个周日转动,所以每颗行星叠套球层的最外一个球可以舍弃。但是,除非采取步骤防止,专为个别行星设计的球会把它们的运动传递给系统,因此亚里士多德在合适的地方插入了反向转动的球层,旨在抵消不需要的转动。

所得到的亚里士多德的宇宙论——一个位于中央的地球或月下区,在那里有生存和消亡,以及一个位于其外的天区,其天球产生恒星和行星的周期运动——在2000年的大半时间里,支配了希腊人、阿拉伯人和拉丁人的思想。然而,在亚里士多德的门生亚历山大大帝征服了已知世界的许多地方，从而使希腊的几何天文学开始融入巴比伦人的算术天文学和观测天文学之后，希腊几何天文学的不具变通性以及所得到的理论和观测之间的差异几

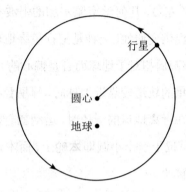

图6 在一个偏心圆上，行星照例绕地球作匀速圆周运动，但是因为地球不在圆心位置，所以行星的速度从地球上看起来会有变化

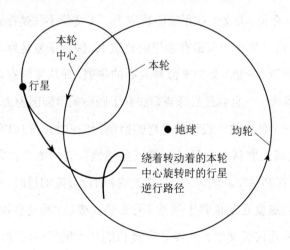

图7 本轮是一个小圆，它携带着行星沿着这小圆作匀速运动。本轮的中心同样以匀速绕地球在一个均轮上运动。该图显示，只要适当选择两种速率，不时观测到的5颗较小行星的逆行运动就可以用这个模型来模拟

乎是立即获得了修正。匀速圆周运动继续被希腊天文学家视为理解宇宙之钥，但他们现在拥有了更多的变通性并且更多地关注观测事实。

公元前200年左右，几何学家佩尔加的阿波罗尼乌斯发展了两种几何方法来提供变通性，一种是把行星绕地球的运动视为匀速圆周运动，但该圆周相对于地球而言是**偏心**的。

结果是当行星的轨道较靠近地球时，行星看起来就会运动得快一些。当行星在远离地球的一边时，运动就会显得缓慢。在另一种方法中，行星位于一个小圆即**本轮**上，而本轮的中心则在一个**均轮**上绕地球转动。

我们很容易评价这一设计的价值。因为，正如我们所见，金星（或别的星体）环绕着太阳转动，而太阳又环绕着地球转动。人们也许会说，天文学在正确的轨道上。天文学不只是在正确的轨道上，而且是在一条最有希望的轨道上，因为重复地修正所涉及的各种量（参数）会带来鼓舞人心的进展，却从来没有获得过完全的成功——直到最后开普勒放弃了圆而采用椭圆为止。

第一个使用这一设计的是喜帕恰斯，他在公元前141年和前127年之间在罗得岛进行了观测。虽然他只有一本著作留传下来，随后托勒密将其纳入《天文学大成》时已显陈旧过时，但我们获悉他的成就还是依赖于阅读《天文学大成》。通过喜帕恰斯，希腊人的几何天文学开始整合在漫长的几个世纪中所导出的精密参数。在那几个世纪里，巴比伦人保存着他们的观测记录。喜帕恰斯汇编了一部自公元前8世纪在巴比伦观测到的月食总表，这些记录对他研究太阳和月球的运动起了决定性的作用，因为在交食时，这两个天体和地球正好排成一线。喜帕恰斯采用了巴比伦的60进制书写数字，并且将黄道圈和其他的圆划分为360度。他只用一个偏心圆就成功地还原了太阳的运动。托勒密几乎原封不动地接受了这个模型。他在研究月球运动方面不怎么成功，将较小行星的运动留给了他的后继者。

喜帕恰斯最重要的发现是分点的岁差，即黄道与赤道相交而成的两个相反位置在众恒星之间的缓慢移动。春分点被天文学家用于确定参数坐标系，而该点的移动意味着恒星的测量位置随测量日期而变化。

喜帕恰斯也编制了一部恒星星表，但是业已佚失；唯一由古代留传下来的星表是《天文学大成》中的那一部。历史学家就此展开了辩论：托勒密是自己观测到了他在星表中给出的位置，还是采用了喜帕恰斯的观测位置，在作了岁差改正后，简单地将恒星位置转化成他自己的历元？

喜帕恰斯和托勒密之间的3个世纪，是天文学的黑暗年代。至少，托勒密似乎轻视那一时期的成就，也很少述及。大多数信息我们是从后来桑斯克里特的著作中获知的，因为印度天文学史很保守，而且它的作者保存着他们从希腊人那里所学到的知识。但是，《天文学大成》一书本身是比较稳妥的。关于该书作者的生平，我们所知寥寥，但是作者报告了他在127年和141年之间在伟大的文化中心亚历山大所作的观测，故而他的出生不可能会比2世纪的开始晚得太多。他可能是在博物馆和图书馆的发源地亚历山大度过了他的成年时期,并且他和喜帕恰斯一样,是在远离希腊大陆而又接近巴比伦人不可替代的观测记录点活跃的一位希腊天文学家。

《天文学大成》是一部权威著作,书中给出了几何模型和有关的表格,可以被用来计算在无限期的未来时刻,太阳、月球和5颗较小行星的运动。该书写于亚里士多德之后500年,当时希腊文明近乎自然地发展着,书中综合了希腊和巴比伦在掌握行星运动方面的成就。它的星表包含了被编排成48个星座的超过1000颗恒星,给出了每颗恒星的经度、纬度和视亮度。早先作者(著名的有喜帕恰斯)的著作因为业已陈腐过时,所以从地球上消失了,而《天文学大成》则像巨人一样在随后的14个世纪中统治了天文学。

但是,后来又出现了问题。亚里士多德的宇宙论用以地球为中心的同心球来阐释天空,哲学家对这样的球以及它们的匀速转

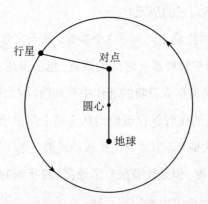

图8　对点是(偏心)地球的镜像,并且我们假定从对点上看来,行星以匀速运动。所以,实际上行星运动是非匀速的

动感觉良好。然而,阿波罗尼乌斯和喜帕恰斯则引入了破坏这一常规习俗的偏心圆和本轮。在这样的模型中,行星的确还在圆上作匀速转动,但是并非以地球为圆心。这已经是够糟糕的了,而托勒密居然发现有必要使用一种更为可疑的设计——**对点**,为的是按简约和正确的方式来拯救行星运动的"表象"。

在一个行星模型中,对点是偏心地球的对称点,位于相反的位置。行星则被要求在它的圆上运动,使得从"对点"上**看来**,行星在天空中以匀速运动。但是由于对点并**不**居于圆心,为实现匀速运动,行星必须要改变其速率。托勒密是一个渴望知道所有时期行星位置的星相学家(他的《四书》是星相学的一部经典)。精确预报——不管所使用的方法是如何靠不住——较之认定所有在圆上的运动必定是匀速运动这个哲学定则来说,是优先要考

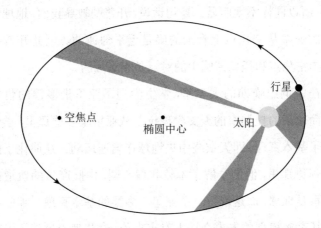

图9 开普勒的头两条定律使得我们了解了为什么对点是一个有用的工具。它们意味着,一个在椭圆上绕日运转的行星在靠近太阳时运动较快,而在靠近椭圆的另一焦点时运动较慢。结果,从这"空"焦点上看来,行星的运动是近乎匀速的。在本图中,轨道的椭率被极大地夸大了

虑的事情。他和巴比伦人一样,认为预报的精确性而不是定则才是首先要考虑的。

开普勒的行星运动定律向我们揭示了为什么对点是如此有用的几何工具。

依照头两条定律,地球(或者其他行星)绕太阳按椭圆轨道运行,太阳位于两个焦点之一,从太阳至地球的连线在相等时间里扫过相等的面积。所以,地球在其轨道上接近太阳时,运动就会加快,地球远离太阳(从而靠近椭圆的另一个"空"焦点)时,运动就会减慢。从空焦点上看来,地球穿越天空的速率将会是近乎匀速的:当地球接近太阳而远离空焦点时,地球要运动得快一些,不过由于地球与空焦点的距离较远,所以并不明显;当地球靠近空焦点时,地球要运动得慢一些,不过由于它与空焦点的距离较近,所以同样不太明显。换句话说,开普勒教导我们,地球穿越天空的速率从空焦点上看来的确是近乎匀速的。因此开普勒椭圆中的空焦点和托勒密圆中的对点是相对应的。

在中世纪晚期的大学里,学生学到了亚里士多德的哲学理论和简化了的托勒密的天文学理论。从亚里士多德那里,学生们获悉了基本真理,即天空绕中央地球作匀速运动。从简化了的托勒密理论那里,他们了解了本轮和偏心圆,由此产生的轨道的中心不再是地球,而这就挑战了亚里士多德的基本真理。那些能够深入托勒密模型的专家会遇上对点理论,这些理论挑战了天体运动是匀速运动这一(更加基本的)真理。哥白尼对这些理论尤为震惊。

尽管如此，利用《天文学大成》的模型——其参数在未来几个世纪中得到了修正，天文学家和星相学家能够以简便的方式和合理的精度计算行星的未来位置。异常的情况也存在。例如，在托勒密模型中，月球的视直径会有明显的变化，而实际上并非如此。该模型使用一种粗糙的特别设计，使天空中金星和水星始终接近太阳。但是，作为一本指导行星表制作的几何读本，《天文学大成》非常有用，而这才是其价值所在。

在《天文学大成》之后的著作《行星假设》中，托勒密提出了他的宇宙论。如同早先的希腊宇宙学家那样，他假设一颗行星在天空中相对于恒星运动的时间越长，亦即行星的运动和恒星的规则周日运动的差别越小，该行星离恒星就越近。如其如此，则有30年周期的土星是靠恒星最近和距离地球最远的，下面依次是木星（12年）和火星（2年）。月球（1个月）距离地球最近。但是，在恒星之间结伴运转从而全都具有相同的1年周期的太阳、金星和水星，其位置又如何呢？因为在天空中太阳居于支配地位，并且有的行星与之结伴运行而其余行星则不随侍太阳，所以传统上认为太阳居于7颗行星的中间，直接地位于火星下方并且将随侍的行星和不与之结伴的行星分隔开来。金星和水星的位置长期有争议，托勒密将水星置于金星的下方，未必比掷一枚硬币有更多的依据。

依据各式各样的推理，从似是而非的到纯属猜测的，托勒密建立了行星的序列。托勒密现在假设，地球上方每个可能的高度不时地被唯一一颗特别的行星所占据。例如，月球的最大高度

（托勒密有论据表明，这个值是64个地球半径）和最贴近的行星水星的最小高度相等。水星的几何模型确定了它的最大高度和最小高度之间的比率，这个比率再乘上64倍地球半径就得出了水星的最大高度。就是说，几何模型给出了每颗行星最小和最大高度之间的比率，而具有64倍地球半径的月球的最大高度则标定了整个系统。位于土星最大高度处的固定恒星在我们上方19865个地球半径或7500万英里处：托勒密的宇宙是令人印象深刻的大宇宙。

喜帕恰斯开始使用巴比伦提供的传统工具——算术的广泛用途以及长达几个世纪的观测定出的极其精确的参数——来追求希腊几何天文学的中心目标：基于匀速圆周运动这一基本宇宙学原理建立一个几何模型，以此再现每颗行星的完整轨道。托勒密完成了这项工作并达到了目的，虽然其中也做出了某些让步。《天文学大成》的模型在后来被屡次改进，但是在14个世纪之后，印刷术的发明使得一个具有同等能力的数学天文学家认为其缺陷是根本性的，需要加以革新。

第三章

# 中世纪的天文学

622年，先知穆罕默德迁出麦加到了麦地那，不久之后，新宗教伊斯兰教传遍了整个北非并传入了西班牙。伊斯兰教对天文学家的技能有特定的要求。每个月的起始是新月——不是当太阳、月球和地球排成一线时，而是之后的两三天，当肉眼能看到蛾眉月的时候。可以使相邻的村庄都同意这个时候是新的一月的开始吗（即使天空云层密布）？祈祷的时刻是按照太阳穿越天空时的地平高度而确定的，正确定出这些时刻的需求最后导致了"穆瓦奇特"（清真寺"授时者"）官署的设立，给了天文学家一个稳定且受人尊敬的社会地位。当地的麦加方向即"奇布拉"的确定，支配着清真寺和墓地以及其他诸多事务的形制，提出了一个具有挑战性的问题，这个问题正是"穆瓦奇特"和天文学家想要解决的。

在伊斯兰教传入很久以前，亚历山大在动荡年代就已不再是伟大的学习中心。《天文学大成》进入了君士坦丁堡，9世纪时，来自巴格达的使者购买了一个抄本，使巴格达年轻而活跃的穆斯林文化认识到了以希腊语留传下来的知识宝库的重要价值。在巴格达，智慧宫的一个小组作了翻译，先从希腊文译成叙利亚文，再从叙利亚文译成阿拉伯文。君士坦丁堡的其他抄本则被尘封而无人阅读,直到12世纪,皇帝将一个抄本作为礼物送给了西西里国王,并在那里被译成拉丁文。

占星术尽管在《古兰经》中受到批判,但仍然盛行于穆斯林世界的每一个社会阶层。那些并非仅仅是算命人的占星家将他们的预言建立在行星位置表之上。《天文学大成》中的模型的成功是无可争辩的,这些模型所结合的参数在几个世纪后被日益精确地确定出来——托勒密本人就曾说明过该怎样确定。最初,天文学家为此目的所用的天文仪器并不大,但是,随着观测者抱负的增大,观测仪器的尺寸也变大了,观测者指望赞助人来支付建造费用,并为他们提供住处。

但是,有时这会招致宗教权威的不满,而一个赞助人的死亡——或者甚至是勇气的丧失——也会引发天文观测的终止。在开罗,维齐尔①命令于1120年开始建造一座天文台,但是到了1125年,他的继任者却被哈里发下令杀死,罪名包括"与土星交往",于是,天文台被拆毁。在伊斯坦布尔,土耳其苏丹穆拉德三世在1577年为天文学家塔奇丁建成了一座天文台——其时正值一颗亮彗星出现。塔奇丁无疑是为了自己的发达而将这一天象解释为苏丹和波斯人作战的吉兆,但是实际情况正好相反。1580年,宗教领袖使苏丹相信,窥探自然的秘密会招致不幸。苏丹于是下令将天文台"从远地点到近地点"彻底摧毁。

---

① 伊斯兰国家的宫廷大臣。

只有两座伊斯兰天文台存在的时间稍长一些。第一座在马拉盖，即今天的伊朗北部。这是波斯的蒙古统治者旭烈兀为杰出的波斯天文学家图西（1201—1274）从1259年开始建造的。它的仪器包括一座半径为14英尺的墙象限仪（一种固定在正南北方向的墙上、用于测量地平高度的仪器）和一座环半径为5英尺的浑仪（用于其他的位置测量）。借助于这些仪器，一组天文学家在1271年完成了一部《积尺》[①]，即根据托勒密的《便捷表》传统而编制的天文表集，包括使用方法的说明。但1274年，图西离开了马拉盖前往巴格达。虽然天文台的观测一直持续到下一个世纪，但是它的创造性时期已经结束。

另一座主要的伊斯兰天文台受益于王子本人就是天文台的一位热心成员。在中亚的撒马尔罕，乌鲁伯格（1394—1449）在1447年继承王位之前是一个行省的统治者，他于1420年开始建造一座3层的天文台，其主要仪器是按照"越大越好"的原则制造的一架半径不下于130英尺的六分仪。该仪器被装在户外两堵南北方向的大理石墙上，仪器的活动范围经过调节可以用来观测太阳、月球和五大行星的中天。撒马尔罕天文台的伟大成就是一套天文用表，其中包括一张有一千多颗星的恒星表。更早以前，巴格达天文学家苏菲（903—986）修正了托勒密的星表，他给出了改进过的星等和阿拉伯文的称谓，但是恒星本身和它们常常不正确的相对位置没有得到修订。乌鲁伯格的星表堪称是中世纪唯

---

① 元代译名，指历表。

一重要的星表。撒马尔罕天文台在乌鲁伯格于1449年被谋杀后很快就被废弃了。

　　天文台是为杰出人物建造的，但是每一位星相学家也需要作观测，这在研制出星盘以后成为可能。星盘是一种源于古代的精巧便携的计算装置和观测仪器。典型的星盘由一个黄铜圆面构成，通过位于顶端边缘的一个圆环可以被悬挂起来。星盘的一面可用来观测恒星或行星的地平高度，观测者将仪器悬挂起来并沿着一根瞄准杆观测天体，然后沿着圆周在刻度盘上读出该天体的

图10　牛津大学莫顿学院保存的一个14世纪的星盘

· 26 ·

地平高度。圆盘的另一面代表从天球南极投影到天球赤道面上的天球。

发自天球南极的每一根线与天球相交于一点，并且与赤道平面相交（于一个唯一的点），后者是前者的投影。黄铜盘面的尺度是有限的，当时的星相学家对于南回归线以南的星空没有实际兴趣，故而投影的天空从天球北极（以圆盘中心来代表）一直延伸到南回归线为止，不再向南。

在观测者纬度处的等高度圈投影成的圆，和很多别的东西一起，被蚀刻在盘面上。但是转动天空中的恒星也需要显示。这可以通过一个黄铜薄片来完成，它指示出主要恒星的位置，并且尽可能多地挖去其余部分，从而使得下面的坐标圈露出来。这个黄铜薄片绕着下面一个圆盘的中心转动，就像恒星绕着北天极转动那样，它也能显示出太阳的黄道轨迹，观测者需要知道（并且标出）太阳在黄道轨迹上的现时位置。

这样一来，在一次观测中——典型的观测包括在夜间一颗恒星的地平高度观测或在白天太阳的地平高度观测，观测者可以将该黄铜薄片转动到它正确的现时位置，亦即移动它直至恒星（或太阳）位于适当的坐标圈之上。至此，整个天球现在就到位了，而且许多问题可以获得解答——例如，哪些恒星现在正处于地平线上方以及每颗恒星的地平高度是多少。将太阳和圆盘周边上的刻度连成一线并在标尺上读出钟点，即可确定时间。在确定黄铜薄片的位置以后，无论观测的是恒星还是太阳，星盘总是像钟一样，能够日夜24小时告知时间。

我们能够从星盘上容易地获取大量的其他信息,例如确定一颗恒星升起的时间。天文学家可以转动黄铜薄片直至该恒星位于零地平高度圈之上,然后读出时间就行了。星盘的设计简单、精巧,用途多样,它促进了天空的定量观测。

早在9世纪上半叶,巴格达智慧宫的花剌子米[al-Khwarizmi,此人名字的讹误拼法给了我们"算法"(algorithm)这个词]就编制了一部《积尺》。它使用了桑斯克里特天文著作中所包含的参数以及计算过程。770年左右,桑斯克里特的这本著作就被带到了巴格达。《积尺》于12世纪被译成拉丁文,从而成为印度天文学方法运抵西方的载体。《积尺》使未来行星位置的预报成为可能,从事职业活动的天文学家或星相学家也应运而生,于是这类星表大量产生,并且其中常常用到改进了的托勒密参数。

信仰基督教的西方出现了大学,伊斯兰世界没有类似的对应机构,我们试图寻找一位有创意的、挑战亚里士多德或托勒密地心宇宙基础的伊斯兰思想家,但一无所获。在10世纪,经常出现质疑托勒密的讨论。受攻击最多的是托勒密的对点,它违反了匀速圆周运动这个基本原理。但是本轮和偏心也遭到了批评,因为有关的运动虽然是匀速的,却不再以地球为中心。这方面的一个纯粹主义者是安达卢西亚人拉什德(1126—1198),他在拉丁世界为人熟知的名字是Averroes,在西方,亚里士多德被称为"哲学家",而Averroes则被称为"评注者"。他承认托勒密模型"拯救了表象"——再现了观测到的行星运动,但是这并不意味着模型就是真实。他的同事安达卢西亚人比特鲁基(他的拉丁名字是

Alpetragius）尝试设计了替代模型，以满足亚里士多德学派的需要，但其结果当然令人很不满意。

在开罗，哈桑（965—约1040）试图修改托勒密模型，使它们具有物理实在性的特征。在他的《论世界的构造》一书中，天空由同心的球壳构成，在各层的最厚处，则有小一些的球壳和球。在13世纪，他的著作被译成了拉丁文，并成为在15世纪影响乔治·普尔巴赫的著作之一。

甚至在最具实用观念的天文学家中间，对点也早已引起了疑虑。13世纪，马拉盖的图西成功设计了一种含有两个小本轮的几何替代物；出于同样的原因，哥白尼在他生涯的某个阶段也采用了一种相似的设计。不过历史学家还没有发现他们之间有明显的联系。14世纪中叶，大马士革倭马亚清真寺的"穆瓦奇特"伊本·舍德尝试设计了行星模型，剔除了所有引发异议的元素。他的月球运动模型避免了《天文学大成》中月亮视直径的巨大变化，他的太阳运动模型基于对太阳的新的观测，他的全部模型不仅摆脱了对点，而且也摆脱了偏心圆。但是他发现，本轮是不可避免的，这一点我们非常能理解。不过在舍德的时代，拉丁世界就已经发展起了自己的天文学传统，从而不再依赖阿拉伯文的翻译。

这种独立是缓慢形成的，在罗马世界，没有一种主要的古天文著作是用拉丁文撰写的，希腊语仍然是学者的语言。随着罗马帝国的崩溃，希腊的知识在西方几乎全部消失，于是人们不再阅读古天文学的经典——即使是可以获得的。罗马哥特王国的高官博埃修斯（约480—524/525）着手将柏拉图和亚里士多德的论著尽可能多地译成拉丁文，但是为时已经太晚。不过不管怎样，在因一桩不公正事件而反抗国王从而被处死以前，博埃修斯设法翻译了许多希腊语著作，其中有几种是逻辑学著作。他将这些著作和罗马作者西塞罗的逻辑学著述放在一起，从而留赠给后世一套文集，这套文集成为长期研究的一个领域，中世纪的学生可以在书中进行"比较和对照"并且得出自己的结论。结果，逻辑学上的相容性成为中世纪大学里的一大议题。关于本轮的真实性以及行星模型能否在根本上达到确定性的辩论，成为人文学科青年学生们的兴趣所在。

在这段时期里，柏拉图只有一部（不完整的）著作被译成拉丁文：宇宙学神话《蒂迈欧篇》。卡西迪乌斯（4世纪或5世纪）翻译了该书的2/3，还写了一段冗长的评注。虽然地球为球形这一基本事实从来没有被忽视，但中世纪早期用拉丁文写成的天文学著作读起来简直糟透了。生活于5世纪早期的非洲人马克罗比乌斯为西塞罗的《西庇阿之梦》写了一个评注，在其中他阐述了一种宇宙学理论。在这个理论中，球形的地球位于布满恒星的天球的中心，该天球带动着行星每天自东向西地转动着，每颗行星也有着相反方向的自转，因为马克罗比乌斯的材料来源不一样，所以他对于行星序列的表述很模糊。迦太基人马丁纳斯·卡佩拉（约365—440）写了《哲学和墨丘利的婚礼》，这部著作是一个关于天堂婚礼的预言，在婚礼上，7个女傧相每人都献出了一门人文科学的纲要。这段描述对于解释以下问题很重要：为什么金星和水星总是出现在太阳的附近？这一问题的天文学解释是：它们绕太阳旋转，所以当太阳围绕地球旋转时，它们伴随着太阳。

像伊斯兰教那样，基督教也对天文学家提出了挑战，主要的挑战是计算复活节的日期。简而言之，复活节是春分第二个满日之后的那个星期天。如此一来，它在任一年的日期同时依赖于太阳和月球的周期。作为巴比伦人传下来的月和年精确值的继承者，亚历山大的基督教徒可能提前若干年就已算出了复活节的合适日期，但是教会的权威人士则采取了更为实用的方法，尝试着找出一个由许多年构成的期限，它几乎和一个月的整数倍相等，并可设定未来年份中复活节的日期。这个日期一旦确定，这样一个序列就会在未来的周期中年复一年地重复。

最后采用的周期是由巴比伦天文学家在公元前5世纪发现的，却归功于希腊人默冬了，这一周期的依据是235个朔望月等于19年（误差只有两个小时）。725年，英格兰贾罗的"可敬者"比德（672/673—735）写出了一篇关键性的论文《论时间的划分》。在恺撒制定的儒略历中，每4年就有1个闰年（无一例外），所以每4年，一个给定日的周日总是超前5天，从而在7×4=28年后，周日将回到原先的日期。比德将这个周期与19年的默冬周期结合在一起，算出一个总的周期（19×28=532年），既迎合了复活节与日和月的配合关系，又满足了复活节要在星期日的需要。

天文学和占星术在拉丁世界的复兴是从第一个千年的末期开始的。当时星盘从信仰伊斯兰教的西班牙传入了西方。在那些日子里，占星术有一个合理的基础：植根于亚里士多德的微观宇宙——单个生命体——和宏观宇宙观。医科学生学会了怎样追踪行星，这样他们就知道什么时候有利于治疗病人的相应器官了。

1085年，伟大的穆斯林中心托莱多陷入了基督教徒之手，伊斯兰的知识宝库，特别是希腊文变得可以理解了。翻译家移居到西班牙，最著名的是克雷莫纳的杰拉尔德（约1114—1187），他数不清的译作中包括《天文学大成》和撒迦里的《托莱多天文表》（1100）。这些表经修改后被其他地方所采用，事实证明它们很好用，虽然构成其基础的行星模型暂时还是个谜。

如果说12世纪是翻译的时代，那么13世纪就是译作被吸收的时代。在涌现的大学里，拉丁语是通用语，所以没有语言上的障碍阻止学生和教师去他们想去的地方。未来的律师可能到博洛尼亚，医科学生可能到博杜瓦，而对大多数学科来说，巴黎是个理想的去处。

在那里，像在别的地方一样，人文学科学院通过人文学科的7门课程（其中包括天文学）提供文学和计算方面的基本教育。人文学科的学生大多为十多岁的男孩子，而印刷术还未发明，所以讲授的水平不可避免地只是初等的。少数学生最后会留在更高级的学院，从事神学、医学或法律研究。医学和法律享有传统声誉，奥古斯丁和教会其他神父的著作确保了神学是一门有前途的学科。所以，在更高级学院的教师和陷入人文学科单调常规的教师之间存在着一种紧张的关系。

大多数新的译作属于人文学科，阅读这些译作为巴黎的文学硕士提供了一种提高地位的途径。同时，亚里士多德文集的传播对于基督教《启示录》并无贡献，甚至似乎还挑战了某些基本的基督教教义，在神学家之中引起了疑虑和不安。紧接着是巴黎的十年混乱，直至多明我教会的修士托马斯·阿奎那（1225—1274）完成整合，成功地将亚里士多德吸收到基督教教义之中，以至于17世纪的人们发现很难将两者分开。

研究并不是那时候大学的任务，在天文学中，最要紧的教学需要是一本青年学生可以用的初等教科书。13世纪中叶，霍利伍德的约翰——他的拉丁名字是 Johannis de Sacrobosco——在这方面作了尝试，但是他的《天球》在解释太阳、月球和行星的运动时遇到了挑战，故而并不合适。尽管如此，印刷术发明之后，这本著作还是为更有能力的天文学家提供了一个借口，去写出详尽的评注，并且就以这种形式成为所有时代的畅销书之一。

13世纪后期，一个匿名的作者对《天球》连同他自己的《行星理论》的某些缺点作了校正。这给了各式各样行星的托勒密模型一个简单的（即使并不令人十分满意的）说明和清晰的定义。同时，在卡斯提尔国王阿尔方索十世的宫廷里，旧的《托莱多天文表》被《阿尔方索星表》所替代。现代计算机分析表明，这些在以后300年中被视为标准的星表是依据托勒密模型计算的，只是略有参数更新而已。

到14世纪，西方拉丁世界在充分掌握了过去的传统后，有了新的突破。对天文学来说，一个有意义的发展来自地球物理学。通过讨论抛体运动，亚里士多德曾经令人信服地论证了地球是静止的：垂直射出的箭会落回地面，正好是射手放箭的位置，这证明在箭飞行时，地球并没有运动。

但是，在讨论抛体运动时，亚里士多德并不能令人信服。他论证道，像一支箭那样的地球上的一个物体将会自然地向着地心运动，而其向上的（因而是非自然的）运动必定是由一个外部的力施加其上造成的——并且不只是施加其上。只要箭还在上升，这个力就一直存在。亚里士多德认为空气本身是维持箭向上运动的唯一动因，但是怀疑论者指出这是似是而非的，因为箭有可能会不顾大风而向上射去。

巴黎的大师让·布里丹（约1295—约1358）和尼古拉·奥莱斯姆（约1320—1382）同意亚里士多德关于必有外力作用的观点，但是他们反对将空气视作一种外力。他们表示，弓箭手必将一种"无形的动力"施加在箭上，他们称之为"冲力"。布里丹认为天球——它们虽然没有摩擦力，但是要永远地自转下去则需要有个持久的动力（天使的智力？）——只要在创世时被赋予促成运动的冲力，就会永恒地旋转下去。

奥莱斯姆明白冲力概念的重要含义，**如果**地球的确是自转的，那么站在地球表面上的弓箭手会和地球一起运动。结果，当他准备射出箭时，会不知不觉地向箭施加侧向冲力。在这个冲力的作用下，飞行中的箭会水平地移动，也会垂直地移动，保持与地球同步，从而正好回落到它射出的地方。他说，因此箭的飞行对于地球是否静止的争论起不了作用。其他被援引的传统论证，包括出自基督教《圣经》的引文，也证明不了什么。奥莱斯姆的见解是：地球的确是静止的。但这也不过是个见解而已。

15世纪印刷术的发明有许多影响，最重要的是促进了数学学科的发展。所有抄写员都是人，在准备一个原稿的副本时都会犯偶然的错误。这些错误常常会传递给副本的副本。但若著作是文字作品，后来的抄写员注意到了文本的意义，他们就有可能识别和改正他们的同行新引入的许多差错。但是需要复制含有大量数学符号的文本的抄写员则难得运用这样的控制手段。结果，撰写数学或天文学论文的中世纪学生会面临巨大的挑战，因为他只有一个手稿的副本可用，而该副本不可避免地在传抄中会有讹误。

在引入印刷术之后，所有这些都改变了。现在作者或译者能够核对校样，从而确保排好的文本忠实反映出了他的意图；然后印刷机能够印出许多完美的副本，用来分发到整个欧洲并且出售。与手抄本的费用比起来，印刷本的价格也更为适中。

几十年内，希腊天文学家的成就就已经被掌握并且还被超越了。奥地利宫廷星相学家乔治·普尔巴赫（1423—1461）的《行星新理论》于1474年付印，它描述了支撑《阿尔方索星表》的托勒密模型和这些模型的真实物理表现，也许就是这些表现的不足激发了哥白尼从事天文学的研究。

1460年，普尔巴赫和他的年轻合作者柯尼斯堡［拉丁文为Regiomontanus（雷纪奥蒙塔努斯）］的约翰尼斯·穆勒（1436—1476）遇到了尊贵的君士坦丁堡红衣主教约翰尼斯·贝萨瑞恩（约1395—1472）。贝萨瑞恩渴望看到《天文学大成》的内容更易理解，他说服了这两位天文学家着手完成这一任务，普尔巴赫在次年即告离世，但雷纪奥蒙塔努斯①完成了这一任务。他们的《天文学大成梗概》篇幅只有原著的一半，于1496年以印刷本面世。它至今仍是托勒密知名著作的最佳简介之一，至于《天文学大成》本身则于1515年以过时的拉丁文译本问世，1528年新的译本出版，1538年希腊原文版出版。到了1543年，一本胜过它的书出现了。

尼古拉斯·哥白尼（1473—1543）出生于波兰的托伦，就读于克拉科夫大学，在那里天文学教授从不隐瞒他们对于对点概念的不满。然后他去了意大利，在那里学习教会法和医学，同时也学习希腊语并发展他在天文学方面的兴趣。据说，1500年左右，他曾对大批听众作过天文学讲座。1503年，他回到了波兰从事弗龙堡大教堂的行政管理，他的舅舅是那里的主教。他的余生就待在这个主教管区。

中世纪晚期，亚里士多德卷帙浩繁的著作在拉丁世界是可以读到的，但柏拉图的境遇就不怎么好了：只有两篇不重要的对话被添加进卡西迪乌斯很久以前曾作部分翻译的《蒂迈欧篇》里。这些状况在文艺复兴时期改变了，因为此时恢复了与希腊世界的密切接触，在君士坦丁堡1453年陷落之前，不少希腊学者涌入西方。柏拉图的对话被发现并因其文学价值而备受赞赏，而且他对宇宙的数学观点开始取代自然主义者亚里士多德的宇宙理论。

---

① 即穆勒，他以其出生地的拉丁文名字闻名于世。

天文学家开始寻找行星理论中的和谐和匀称，却没有在托勒密模型那里找到，即使《阿尔方索星表》仍能以合理的精度满足需要。他们对对点理论尤为不满，用哥白尼的追随者乔治·约阿希姆·赖蒂库斯（1514—1574）的话来说，对点理论是"自然所憎恶之事"。

托勒密的《行星假设》连同他整体的宇宙论现在也已失传。《天文学大成》提供的是单颗行星的模型，但是托勒密明显没能呈现出一幅宇宙的整体图像。正如哥白尼所写的那样，这意味着过去的天文学家

> 未能发现或推断出所有的要点——宇宙的结构和它各部分的真正对称。但是他们从不同的地方取来了手、足、头和其他肢体，描绘得的确很好，但造型不取自同一身体，相互之间也不匹配——故而这样的部件组合起来，与其说是一个人，倒不如说是一个怪物。

正是基于这些美学上的考虑以及托勒密模型月球视直径的荒谬变化等许多特殊问题，改革的压力产生了——即使托勒密模型（连同改进了的参数）已足够合理。

改革的方向有迹可循。亚里士多德的习惯是引述他打算予以反驳的那些人的话，这意味着每个学生都得了解那些主张过地球是运动的这一观点的古代作者——亚里士多德的反驳已经不再令人信服。普尔巴赫曾评述过，由于未知的某种原因，在每一

个单颗行星的模型中如何会产生一个年周期。无论是什么激发了哥白尼的思想，在他返回意大利几年之后，一本由他撰写的题为《要释》的手稿开始流行。在其中他简述了他对现存行星模型的不满，对于对点理论更是有专门的批评。他提出了一个以太阳为中心的替代方案，其中地球变成了一颗周期为一年的围绕太阳转动的行星，而月球则失去了行星的地位，成为地球的一颗卫星。

他指出这将如何为行星（现在的数目为6个）排列一个明显的序列（按周期和距离）。我们知道托勒密似是而非地假定，运动最慢的行星是天空中最高的；但这没有确定太阳、水星和金星间的序列，当它们相对于恒星运动时，它们结伴而行，所以看起来周期同为一年。一旦这个周期被认为是地面观测者的实际观测周期，就能找出水星和金星的真正周期，这两个周期非常不同，也和地球的周期不同，因而可以由此建立一个明确的周期序列。

哥白尼也能用地球与太阳距离的倍数来度量行星轨道的半径：例如当金星看起来距离太阳最远时（位于"最大距"），地球—金星—太阳构成一个直角，通过测量金星—地球—太阳间构成的角度，观测者能够画出这个三角形的形状从而得到其边长之比。周期序列和距离序列被证明是统一的。他后来说到了这一点：

> 因此，在这种安排中，我们发现世界有一种奇妙的相称性，并且在运动的和谐和轨道圆的数量之间有一种确实的联系。这是用任何其他方式都无法发现的。

在那个时代，人们都在像托勒密那样寻找宇宙中的和谐，因此以上观点是一个有力的观点。同时，哥白尼在《要释》中更为详细地率先发展了行星和月球的无对点模型。

岁月流逝，其间哥白尼在远离欧洲知识中心的地方发展着他的数学天文学。1539年，维滕贝格大学的一名数学教授赖蒂库斯拜访了他。赖蒂库斯发觉自己已被哥白尼的成就迷住了。哥白尼发展了行星运动的几何模型，足可匹敌《天文学大成》中的模型，但是它们被融入了一套完整的日心宇宙观中。他获得了哥白尼的许可，于次年发表了该著作的《简报》。他还说服哥白尼允许他将著作的完成稿［以简化的拉丁文书名 *De revolutionibus*（《天体运行论》）为大众所知］带到纽伦堡付印，并委派了路德派教士安德烈亚斯·奥西安德（1498—1552）处理印刷事务。出于好意，教士插入了一篇未经授权和不加署名的序言，提出书中太阳的运动只是一种方便的计算手段。结果那些只看序言的读者对作者的真实意图一无所知。

哥白尼的书大量涉及行星轨道的（无对点）几何模型，而且以其使人气馁的复杂性让这些模型与《天文学大成》中的模型相匹敌。后来人们才证明了它们能够成为精确行星表的基础——证实日心体系能够通过实践检验的伊拉斯谟·莱因霍尔德（1511—1553）的《普鲁士星表》于1551年出版，该星表正是用哥白尼的模型计算的。在《天体运行论》的第一卷中，哥白尼概述了惊人的结论，那些结论都是依据地球是一颗围绕太阳旋转的普通行星这一基本假设取得的。

我们已经看到,按周期排序的行星表与按距离排序的行星表是相同的。同样显著的是行星的神秘"流浪"(行星由此得名)变成了从一颗行星观测另一颗行星时明显而可期的结果:当火星在天空中位于冲日方向时,看起来火星在退行,仅仅是因为那时地球从"内侧"赶上了它,至于为什么水星和金星这两颗行星总是在靠近太阳时可见,而其余3颗则在子夜时可以观测到,也不再有任何神秘之处了:水星和金星的轨道在地球轨道的内侧,而其余行星的轨道则位于地球轨道的外侧。

确实,作为唯一带有一颗卫星的行星,地球是反常的。"固定的"恒星确实也没有显现出周年视运动。如果从处于周年轨道的地球上观测,它们本该显现出的(哥白尼反驳说,恒星在遥远的地方,所以它们的"周年视差"很小,以至于观测者不能观测到)。但是这些是细节。日心宇宙是一个真实的宇宙:

所有行星的中心是太阳,从这个位置上,它可以一瞬间照亮整个宇宙。对于这座最美丽的神殿,谁能将这盏明灯安放到另外或更好的地方? 事实上有人将太阳称为宇宙的明灯并无不当,另外有人称其为宇宙的心灵,更有人称其为宇宙的统治者。至尊的赫耳墨斯称太阳为"看得见的上帝",索福克勒斯在《厄勒克特拉》中则称太阳为"万物的洞察者"。于是太阳好像端坐在御座之上,统治着围绕它旋转的行星家族。

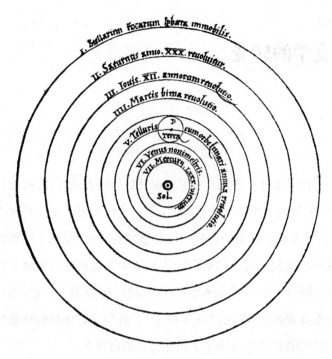

图11　太阳系略图,取自哥白尼《天体运行论》第一卷。图中显示了各颗行星和它们的近似周期。注意第五颗是地球,是唯一带有一颗卫星(月球)的行星(哥白尼曾因这一异常而感到疑惑)。伽利略后来用望远镜发现木星也有卫星

　　希腊人曾试图针对神秘行星"拯救其表象",《天体运行论》利用匀速转动的组合圆这一几何模型将这样的尝试推向了极致。虽然《天体运行论》的每个部分都和《天文学大成》一样复杂,但它是去掉了对点的《天文学大成》。几十年之后其革命性意义开始彰显。

第四章

# 天文学的转变

　　哥白尼就其目的以及着手实现其目的的方式而言,可能是传统的,但是他主张地球是运动的,这一主张则提出了一整套的问题:是什么使地球运动?我们没有感觉到运动,是怎么回事?何以我们垂直向上射出的箭会回落到地面原先被射出的地方?如果我们围绕太阳运行,每6个月从太阳的一边转到另一边,为什么我们没有观测到恒星的"周年视差"?我们又该如何解释基督教《圣经》中那些似乎暗示了太阳在运动的段落?

　　有的人受《天体运行论》的未署名序言误导,相信哥白尼自己并不主张地球真正地在其轨道上运动;仅仅是为了更加成功地"拯救表象",他才使用了几何模型,其中地球被假想成是运动的。另有一些人——包括下一代几乎所有有才华的数学天文学家——则专注于精心利用这些模型拯救表象,从而忽视了哥白尼《天体运行论》的第一卷,在书中他清楚地说出了他的主张。又有一些人再次寻求某种折中,其中有个人叫第谷·布拉赫(1546—1601),他在哥白尼创新的地方保守,而在哥白尼保守的地方创新。

　　第谷出身于一个丹麦贵族家庭,但是他并不按照封建社会里同一阶级成员所采取的方式生活，而是追求自己的学术爱好，其中天文学为他的最爱。1563年发生了一次木星和土星的"合"。因为这两颗星是5颗行星中运动得最慢的，它们的"合"，亦即木星赶上土星，是罕有的事件，每20年才会发生一次，从星相学上讲是最不吉利的。十多岁的少年第谷在1563年"合"的时间前后对事件作了观测，并下结论说，13世纪《阿尔方索星表》对它的预报超时一个月，即使是基于哥白尼模型的现代《普鲁士星表》也误差了几天，他认为这些是不可接受的。不久之后，他投身于观测天文学的改革。

像前辈那样，哥白尼对于用过去传下来的观测资料做研究甚为满足；只有当不可避免时，才会作新的观测而且使用的还是不尽人意的仪器。第谷的工作标志着观测天文学古代和现代的分界线。他将观测的精度视为建立好理论的基础。他梦想有一座天文台，可供他研究和开发精密仪器，并且有一个熟练的助手团队负责测试仪器甚至编制一个观测资料库。利用他与高层的接触，他说服丹麦国王弗雷德里克二世将汶岛授予了他，在那里，他于1576年至1580年间，建立了现代首家科学研究机构——乌兰尼堡（意为"天之城堡"）。

乌兰尼堡内一应俱全：4个观测室，众多卧室、餐厅、图书馆、炼金室、印刷所。岛上甚至还有一座造纸厂，这样第谷在出版著作时就完全可以自给自足。4年之后，第谷增加了设施，有了一个部分建于地下的卫星天文台"星堡"，其中的仪器和乌兰尼堡的不同，它们建在稳固的基座上并遮蔽了强风。但是，他不愿意承

图12 乌兰尼堡第谷天文台中的大墙象限仪,墙是南北向的,观测者(在最右边,可勉强瞥见)在测量一个过子午线中天的天体的高度。一名助手正大声叫出过中天的时刻,另一名助手正记录着观测。第谷和天文台的面貌被画在了墙上的图画中

认乌兰尼堡有不尽人意之处。他说,再建一座天文台是为了阻止作平行观测的两队观测者之间互相串通。

第谷待在汶岛上直至1597年。那时弗雷德里克二世已被克里斯蒂安四世所接替,后者对第谷及其傲慢的举止颇为不满,并给他的生活制造了日益增多的困难。于是第谷离职了。两年以后,他成为布拉格皇帝鲁道夫二世的数学家。第谷已经失去对观测的热情;有的仪器留在汶岛,而其余的则干脆封存了起来。但是他拥有对太阳、月球和行星的大量精确观测资料,那是他的团队在汶岛获得的。这些资料被证明对开普勒的工作起了决定性的作用。作为助手,开普勒加入了第谷的团队,并且在第谷于1601年逝世后,接替了他。

第谷是现代观测者中的第一人,在他那张包含777颗恒星的星表中,最亮恒星的位置已精确到1弧度左右。他最为得意的就是自己的宇宙论,但伽利略等人则将它视为是一种倒退的妥协。第谷欣赏日心行星模型的优点,但也了解各方并不赞同地球是运动的,包括源自动力学、基督教经文和天文学的异议。尤其是即使使用高等的仪器,也观测不到周年视差,这暗示着哥白尼的辩解(恒星太遥远,以至于不能观测到其周年视差)是非常没有道理的。根据第谷的计算,当恒星至少比土星远上700倍时,他才会出错。他认为,行星和恒星之间如此浩瀚的、无目的的、空荡荡的空间实无意义可言。

他寻找着这样一种宇宙论:它具有日心模型几何学的优点,但又坚持认为地球为物理上静止在宇宙中心的天体。解决办法在事后看来似乎是显然的：使太阳（和月球）围绕居于中央的地球转动，并使5颗行星成为太阳的卫星。但是发现之路通常都是曲折的。1578年，如同千年之前的马丁纳斯·卡佩拉那样，第谷在思考着使金星和水星成为太阳的卫星。到了1584年，他已将所有五大行星都变成了太阳的卫星，但这就意味着携带火星的球体会和携带太阳的球体相交。

就在那时，第谷明白了他在16世纪70年代所作观测的意义。1572年11月，一颗亮到足以白昼可见的恒星状天体出现在仙后座。有史以来，天空就被认为是没有变化的，但该天体好像是一颗明亮的恒星。虽然第谷当时只有26岁，汶岛的工作还没有展开，但作为一个观测者，他已经取得了进步，可以确定该对象是天体而不是大气。其他人在这方面展开了争论，但是第谷将他们的观测作了一个判定性分析，最后解决了争论：天空的确能够改变。

有人可能认为彗星已经足够证明这一点了，但对亚里士多德学派的人来说，彗星的"来了又走了"充分证实了它们是源自地球的（或者更准确地说，是大气）。正如亚里士多德本人曾说明过的，彗星是旋转的天空作用于围绕地球的大气和火而形成的，"所以每当圆周运动以任何方式搅动起原料时，在其最可燃之点就会突然燃起火焰"。

只要天空是不变的，就没有理由对亚里士多德声称的"彗星是大气"表示异议。但是，对这颗新恒星的争议消失之后，第谷仍然抱有怀疑。只要大自然能给他一颗明亮的彗星，他就可以测量其高度并确定它究竟是大气还是天体。1577年，当时乌兰尼堡还在建造中，大自然赐予了他一颗彗星；第谷证实了该彗星能在行星之间自由穿行。这表明，正如他稍后认识到的那样，携带行星并以地球为中心的球体并不存在。

于是，对他的宇宙论的激烈反对消失了。在1588年出版的那本论彗星的书中，他概略地提出了他的体系与太阳和月球运动的详细几何模型。

恒星位于土星的范围之外，与地球的距离约为地球半径的14000倍，所以第谷的宇宙甚至比托勒密的宇宙还要紧凑。

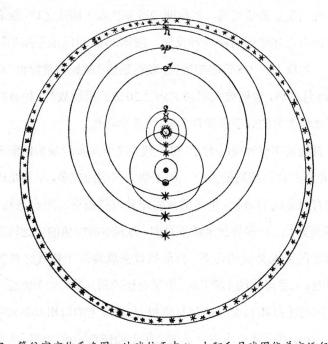

图13　第谷宇宙体系略图。地球位于中心，太阳和月球围绕着它运行。地球本身被五大行星绕转，太阳带着它们绕地球旋转。恒星在最外面的行星土星之外。相对运动和在哥白尼体系中的情形一样。伽利略曾捍卫过哥白尼的理论，这一相对运动的情形给他造成了极大的困扰

许多相似的折中方案在后来的几十年中浮现,其中许多还颇具吸引力。它们难以反驳,所以在支持哥白尼的论战中,它们激怒了伽利略·伽利莱(1564—1642)。作为16世纪90年代博杜瓦的数学教授,伽利略曾试图用地球的周日和周年运动说明令人迷惑的潮汐现象。但是,1609年一桩戏剧性的事件发生之后,他开始全心全意地支持哥白尼。那年夏天他在威尼斯,有传言说,在荷兰有一种用两片弯曲玻璃片制成的仪器能使遥远的物体看起来很近。弯曲的玻璃能造成变形的像,所以在交易市场上是一种传统的娱乐消遣工具。对传闻的可靠性做了确认之后,伽利略着手为自己建造了这样一种仪器。同年8月,他向威尼斯当局展示了一架放大率为8倍的望远镜,使得他们"感到非常惊讶"。那年的8月之后,他把放大率增大到了20倍。再过数月,他就成了图斯坎尼大公的数学家和哲学家,这并非巧合。

　　直到发明望远镜时为止,每一代天文学家都像他们的前辈一样,看到的都是相同的天空。如果他们知道的更多,主要是因为他们有更多的书可读,更多的观测记录可供挖掘。所有这些,现在都改变了。在即将到来的岁月中,伽利略将用他的望远镜看到在他之前无人见过的奇观:自创世以来就隐匿于视线之外的恒星、围绕木星运转的4颗卫星、土星奇怪的附属物(半个世纪后才被认出是土星环)、金星的似月位相、与地球上的山相差不大的月球上的山,甚至还有本该完美的太阳上的斑点。他能够证实亚里士多德的观点:银河由不可计数的小的恒星构成。他发现肉眼所见的恒星看起来为盘状是一种光学幻觉。这样一来,信奉哥白尼学说的人为了避免周年视差问题上的困难而被迫将恒星放逐到遥远的区域时,就不必使它们在体积上变得巨大无比了。伽利略能够如此谈论他的先辈:"如果他们看到了我们之所见,他们也会做出我们所做出的判断。"从伽利略的时代开始,每一代天文学家都将比他们的前辈拥有更大的优势,因为他们拥有的设备允许他们去接近迄今未见的、未知的,因而未曾研究过的对象。

伽利略生活的那个时代,还没有推介新著述的科学期刊,以书的形式从容出版也还没有成为常态。但是他的望远镜发现不能等待,故而他在几个月内在薄薄一本《星际使者》(1610)中宣告了他的最早发现。1613年《太阳黑子通讯》继而出版。他支持哥白尼的几个新发现,金星位相的似月序列,就是在这本书中宣布的。

在托勒密体系中,金星在行星序列里位于太阳的下方。为了"确保"金星在天空中从不远离太阳,托勒密模型要求金星的本轮中心在地球到太阳的直线上。在这个模型里,金星总是位于地球与太阳之间的某个地方。

金星会是个被太阳照亮的暗天体吗?如果托勒密模型是正确的,那么被照亮的一半将永远部分地背向地球,在我们看来,这颗行星永远不会像满月那样呈光轮状。相比之下,哥白尼认为,金星绕着太阳在地球轨道以内的一条轨道上运行。当它靠近地球时,会呈新月状,因为它被照亮的一半背向地球,情形如同托勒密模型中那样。但在远离太阳一边时,金星看起来会像满月一样。

这正是伽利略所目睹的。托勒密模型是错误的，它被一个决定性的观测所驳倒。哥白尼是对的——或者说，伽利略让我们相信他是对的。但是金星的位相告诉我们的仅仅是地球、太阳和金星的**相对**位置，而并没有告诉我们它们三者之中哪一个是静止的。这种相对运动在哥白尼体系和第谷体系中是一样的。所以第谷体系并没有因为伽利略的发现而受到影响。

对于伽利略而言，这是最不受欢迎的状况，因为托勒密长久以来就已经被那些相信地球是静止的、支持第谷或"半第谷"体系的人抛弃了。伽利略的望远镜发现使他成了哥白尼学说的宣传员，但是证明托勒密的错误要比证明哥白尼的正确容易。于是他依然在托勒密和哥白尼之间进行非此即彼的验证。直至1632年，他给自己支持哥白尼学说的宣言取名为《关于托勒密和哥白尼两大世界体系的对话》。

为了排除物理学上的异议——当我们地球人在空间中飞驰时，怎么会始终相信我们事实上是在坚实的大地上？——伽利略创造了运动的一个新概念。运动——各种变化，位置的变化只是其中的一种——是亚里士多德哲学的基础，因为一个自然的物体是通过它的表现（它如何运动）来表达它的本性的。按照亚里士多德的观点，运动要求解释，而静止则不需要。

伽利略提出了一种看待世界的新方式，其中运动的改变——加速度——需要解释，而定常运动（静止在此只是一种特殊情形）则是一种状态，不需要解释。他设想在球状地球完全光滑的表面上滚动一个球，这个球没有回到静止状态：它会无限期地处于一种匀速运动中,绕着地球中心转动。相似地,地球绕太阳系中心运动,处于匀速运动中,因此地球上的人感觉不到他们在运动。

伽利略既有交友的天赋,也有树敌的可能。他认为地球是运动的,这一观点长久以来被视为与基督教《圣经》的某些说法相矛盾。1613年,伽利略给一位朋友写了一封半公开的信,这封信成为《致大公夫人克里斯蒂娜的信》(写于1615年,直至1636年才出版)的基础。现在它被视为传统天主教立场的经典陈述——《圣经》告诉人们的是如何去天堂,而不是天堂如何运行——但是在反宗教改革时期,一个世俗人士很难发布对于《圣经》的解释。1614年,一个传教士向他发动了攻击,把《使徒行传》中的一段经文转变成了也许是教会史上最好的双关语:"加利利人呐,为什么你们站着呆呆地盯着天呢?"伽利略不顾朋友的告诫,坚持他的立场。争论升级,梵蒂冈也参与了进来。最后在1616年2月,红衣主教罗伯特·贝拉明会见了他。贝拉明准备修改自己在地球稳定性方面的传统立场,但只在使人非信不可的证据出现的时候。他私下里让伽利略不可以再相信哥白尼体系是正确的或为其辩护。

1623年,伽利略曾经的一位朋友和支持者被选举为新的教皇,此事鼓励他重新开始公开支持哥白尼,并于1632年出版《对话》。究竟是什么激怒了罗马教会,这个问题仍未有定论,但结果是伽利略被判软禁在家。虽然对伽利略的软禁并不包含人身伤害,但他的定罪对天主教国家的天文学来说是一种挫折,许多耶稣会的天文学家不得不支持第谷体系或类似的折中方案。

伽利略的性格中有懒散的一面，特别是他不太愿意去从事艰深的数学研究，这使他在宣扬哥白尼学说时并未取得太好的效果。一个同时代人对哥白尼的事业作出了贡献，他一直对此视而不见。这个人把行星视为受中心的巨大太阳产生的力驱动的天体，从而将天文学从应用几何学转换成物理学的一个分支，将运动学转换成动力学。约翰内斯·开普勒（1571—1630）生于斯图加特附近的魏尔市，就读于蒂宾根大学，在那里，他那公正的天文学教师从正反两面讲述了包括哥白尼学说在内的各种各样的宇宙论。然后开普勒开始了神学研究。可是在1593年，当局任命他到格拉茨教数学，他勉强地照做了。

在格拉茨定居下来后，开普勒开始为宇宙的构造苦思冥想。他认为宇宙是由上帝创造的，上帝是个伟大的几何学家，他相信哥白尼已经发现了宇宙的基本布局，却未能发现促使上帝从种种可能中选定这一宇宙的理由，特别是为什么上帝创造了正好6颗行星，以及为什么他确定的行星之间的5个空间是现在这样的大小。最后，开普勒想到空间的数目等于正多面体（角锥体、立方体等）的数目，正多面体的形状必定对任何一个几何学家，无论是人还是神，有种极大的吸引力。因而开普勒开始调查研究由6个同心球组成的套件的几何构造，其中每一对球被5个正多面体之一以这样一种方式隔开：每对球的内球与正多面体的平面相切，外球则通过其顶点。最后，他找出了一个特别的序列，其中球的半径和哥白尼算出的结果相当一致。

其中没有论及行星的速率问题，开普勒根据中心的——和巨

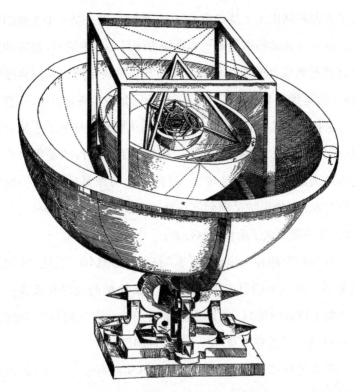

图14 开普勒《宇宙的神秘》(1596)中论及的上帝在其宇宙中展现的几何关系

大的——太阳的物理影响来探讨这个问题,这是划时代的一步。毕竟,哥白尼已经指出,一颗行星离太阳越远,它在轨道上就运动得越慢。也许这是因为行星的运动由太阳导致,并且太阳作用力的有效性随距离增加而减少。

二十多年后,开普勒才建立了行星速率的实际模型,但是他发表于《宇宙的神秘》(1596)中的早先猜测已经向天文界宣告,一个新的天才人物登上了舞台。开普勒送了一本书给伽利略,极力主张伽利略出来支持哥白尼，但是他收到的只是一个礼貌的回应。尽管开普勒的书是第一本系统讲述日心学说的书，第谷却邀请开普勒到汶岛来参加他的工作。开普勒决定不去那座遥远的岛屿，但是到了1600年初，当第谷重新回到布拉格定居后，开普勒决定去探访他，并在那里作了3个月的火星轨道研究。水星有很多时间隐匿在太阳的强光中难以跟踪，除此之外，火星的轨道偏离圆最大，因此最难用圆形去"拯救"它。3个月后，开普勒回到了格拉茨，但他很快又回到第谷身边，第谷已经命不久矣。一年之内，开普勒就成了第谷的继任者。

开普勒与战神火星的"战事"持续了好几年。他说，他的战役是基于哥白尼的日心理论、第谷·布拉赫的观测和威廉·吉尔伯特（1544—1603）的磁哲学而展开的。吉尔伯特的《论磁》（1600）论证了地球本身是一个巨大的磁铁。

开普勒是那样另类，虽然是一个诚实的科学家，但在他的著作中并不讲明他的研究过程，结论看起来既不直接也不清楚。开普勒要求他的读者在计算的迷宫里追随他。没有人对他做过介绍，哪怕是很短的介绍。但是精华之点是明显的：开普勒放弃了传统天文学研究行星**怎样**运动的几何学模型，而是转向物理学，研究是什么力造成了行星的运动。

自从第谷证实携带行星运转的天球并不存在之后，从运动学到动力学的转向几乎是不可避免的了。人们对这些球为什么会继续转动已经不太有兴趣——大多数人认为是天使的智力推动着它们。布里丹假设在创世时每一个球都得到了一个原动力，而哥白尼则认为所有自然的球体都在自然地转动。但是在去掉携带行星的天球后，留下来的行星是轨道上孤立的天体。驱动它们以近乎抛体方式运行的是什么呢？一旦这个问题受到关注，日心假设的成功就有了保障，相对小的地球绕着拥有巨大质量的太阳运动（而不是反过来）就有了动力学意义。

1609年，开普勒发表了他对火星问题的解决方案，该著作取了一个挑战性的题目，宣告了天文学的重新定位：《新天文学：基于原因或天体物理学，关于火星运动的有注释的论述》。之前，开普勒已经逐渐明白他必须采用真实的、有形的太阳作为他的太阳系的中心，而不是取某个几何上便利的点。同样，他必须对行星在经度和纬度上的运动作一个综合的说明。设计两个几何模型，每一个对应于某个坐标，而两者彼此不相容，这种办法已经不再能被接受了。

太阳、地球和火星构成特别的位形时，第谷记录下了很多数据，足以提供丰富的信息。火星冲日时，地面观测与从太阳系中心作的观测相似，第谷有许多这样的记录。这些记录是精确的：当开普勒用一个圆轨道模型"拯救表象"时，精度可达到8弧分（这个精度好到足以与此前任何一个观测者的观测相匹配）。开普勒知道，第谷的精度远比8弧分要高，所以这个模型还不能令人满意，因此他必须将它舍弃。但是第谷的观测并不是**十分**精确：火星的轨道实际受到了其他行星引力的扰动，这种具有理想精度的假设观测会妨碍开普勒提出以他名字命名的定律。

吉尔伯特曾证明地球是一个巨大的磁铁，也许太阳是更大的磁铁,因为行星全部绕太阳按同一方向公转,并且离太阳越远的行星运转得越慢。这使得开普勒将太阳看作一个转动的天体,它向空间发送磁力,推动着行星绕行,这种影响自然是对最近的行星最为有效。开普勒相信,如果没有这种连续的影响,行星就会在其轨道上停滞不前——也就是我们常说的惰性。

但是,因为行星的轨道并不是简单的圆,所以还有更多的问题。行星改变着它们的离日距离。为了解释这一点,开普勒在太阳中引入了第二个力,它在行星的部分轨道上吸引行星而在其余轨道上推开行星。

在分析第谷的观测资料时,开普勒被这些物理直觉引导着。于是,开普勒发现了他的"第二定律",该定律告诉了我们行星在其轨道上的速率,这比说明行星轨道是什么样的"第一定律"的提出还要早。根据第一定律,行星按椭圆轨道运动,太阳位于椭圆的一个焦点。公元前2世纪起,几何学家就熟知椭圆。舍弃包含本轮、偏心圆和对点的托勒密模型,而是通过一条异常熟悉的曲线确定行星的轨道,这堪称是一个妙举。但是在得出定律之际,开普勒的物理直觉在某个阶段变成了某种障碍——椭圆的短轴是对称的,而开普勒第一定律却告诉我们,轨道的该轴是极不对称的,太阳位于一个焦点,而另一个焦点却是"空的"。

我们知道第二定律有个变形形式,牛顿后来发现这个变形形式是他的万有引力定律的一种**推论**:连接太阳和行星的一条直线在相同时间里扫过相等的面积。数学家几乎无法处理这样一个古怪的表达式,他们宁愿选择其他形式,那些在数学上容易处理而在观测上又几乎和面积定律难以区分的形式：行星运动的速率反比于太阳和行星间的距离；或者从空焦点上看来，行星以明显的匀速率运动。讨论圆中的托勒密对点时，我们已经知道了为什么它在椭圆中的对应物——从空焦点上看到的匀速——与面积定律如此近似。

《新天文学》陈述了火星——由此可推知其他行星——怎样运动以及是什么推动它如此运动。但开普勒在《宇宙的神秘》一书中最先讨论的行星系统综合样式到底有什么意义？这是《世界的和谐》（1619）一书中众多的论题之一，其他的论题还有行星在其轨道上产生的音乐。哥白尼高兴地发现，一颗行星离太阳越远，它完成一个回路的时间就越长。开普勒现在能够宣布一个公式来确保这一点：行星周期的平方与轨道半径的立方成固定的比率。

开普勒这时正努力使他的著作为广大读者所接受，他将内容设置为便利读者的问答形式。他的《哥白尼天文学纲要》曾在1618年和1621年间陆续刊行过，书名赞颂了他最大的灵感之源。但是哥白尼会困惑地发现，他的几何天文学在这里已转变成物理学的一个分支。

行星理论总是服从于最终的实际测试：它们能够用来生成精确的星表吗？第谷对天文学的兴趣是由采用哥白尼模型的《普鲁士星表》的缺陷所引起的，当第谷第一次将年轻的开普勒引见给鲁道夫皇帝时，皇帝委任开普勒与第谷一起制定出天文学家最终可以信赖的星表。1627年，当鲁道夫和第谷已经去世很久之后，开普勒发表了《鲁道夫星表》。当法兰西天文学家皮埃尔·伽桑狄成为历史上第一个水星凌日的观测者时，开普勒也已死去。《鲁道夫星表》的预报要比《普鲁士星表》的预报精确30倍：开普勒的椭圆天文学通过了检验。然而，他的物理直觉（没有太阳不间断的推动，行星将会瞬间停滞）则是全然难以置信的。第二定律（确定了行星在轨道上的变动速率）的表示法则会把人弄糊涂。开普勒用单纯的椭圆代替了众多的圆，并且他还鼓励天文学家将他们的学科视为"天体物理学"。但是，行星系统真正的动力仍是一如既往地神秘。

# 牛顿时代的天文学

中世纪后期的观点曾被亚里士多德所统治,文艺复兴时期的观点则由柏拉图所支配。但在随后的时代,"机械论哲学"或称"微粒论哲学"则变得越来越有吸引力。它源自希腊的原子论者,后者将我们对周遭物体不同的感知解释为我们的感觉对不变粒子运动的理解方式,这对一个时代是有吸引力的。这一代人发现,用速度和形状等概念(基本上是数学概念)进行诠释,即可达到耳目一新的明晰。机械装置变得日趋精巧——斯特拉斯堡大教堂里的大钟就是明证。但是在这些机械中,复杂的效果是由简单的(而且明白易懂的)手段产生的:处于运动中的物体(齿轮、钟锤等)。

上帝现在是伟大的钟表制造师,他创造的宇宙在结构上非常复杂,却像运动中的物体那样容易理解。伽利略被这种古代观念的复兴深深吸引,但比他更年轻的同代人勒内·笛卡尔(1596—1650)将这种机械论哲学推向了极致。在拉弗莱什的学校里,笛卡尔的耶稣会教师在伽利略宣布望远镜发现后的几个月之内就向他介绍了这一发现。更重要的是,他们向他逐渐灌输了对于在几何定理中发现的确定性的极度赞美。对笛卡尔而言,在确定的真实和极可能的真实之间，存在着一条巨大的鸿沟。他判定，为了创建两者之间的联结，必须仿效几何学家的推理。此外，几何学家总是对空间有正确的理解：欧几里得无限、均匀、无差异的空间不是理想的抽象（人们曾经这样认为），而是真实世界中的。

作为一位哲学家，笛卡尔是无情的。伽利略提及亚里士多德的时候会批判其观点。不同于伽利略，笛卡尔对亚里士多德不屑一顾，径自创建他自己的哲学。在此之前，所有的讨论，无论是赞成抑或是其他，都会回溯到亚里士多德。但此后不久，所有的讨论就会提及笛卡尔了。

在笛卡尔的宇宙里，不再有任何与寻常位置不一样的优越位置，诸如地球的中心或太阳系的中心（因为运动是围绕它们进行的）。在分析物质本身的基本概念时，笛卡尔摒弃了颜色或味觉之类的特性，因为它们只属于某些物质而不是所有物质，最终的结论是物质和空间在许多方面是统一的。于是，没有物质的空间——真空——是不可能存在的：世界是充实的。此外，因为空间是均匀的，所以物质也是如此。这意味着我们在这个物质和那个物质之间所觉察到的差异完全是由（均匀的）物质在两个空间中的运动方式造成的：当我们着手理解宇宙时，运动就是一切。

因为上帝处在永恒的存在中，所以他使这个运动中的物质在这个瞬间以给定的速度按一个特定的方向前进：直线惯性定律。正如他使宇宙的总体空间守恒一样，他使宇宙中运动的总量守恒。这使我们得以建立起支配运动从一个物体转移到另一个物体的定律。

因为宇宙中装填着物质，所以直线惯性与其说是一种实在，不如说是一种倾向。实际上，只有在其前面的（以及后面的）物质也运动时，物质才能运动。结果是，物质通常作旋涡或旋转运动，这些旋涡像离心机，有的物质被推向外部，有的则被推向中央。我们将后者视为自发光的，并且我们看到了太阳和恒星这样的亮物质的巨大集合物。太阳只不过是离我们最近的恒星。在我们的无限宇宙中到处散布着相似的恒星。

太阳位于一个巨大的太阳旋涡的中央，这个旋涡携带着周遭的行星运转；这些行星有切向飞离之势，却被旋涡中的其他物质约束在封闭的轨道上。行星中间有我们的地球，其本身就是携有月球的一个较小旋涡的中心。月球被太阳旋涡和地球旋涡两者运载着，因此，牛顿发现很难计算月球的运动。虽然笛卡尔是一个数学家，而且他在一封信中写道"我的物理学只是几何学"，但在他表明观念的《哲学原理》（1644）一书中只有文字而没有数学方程。文字是含糊的，《哲学原理》的适应性如此之强，以至于它几乎能够解释一切而又什么都不预报。这本书能够被无数的人所理解，它所阐明的世界图景对巴黎沙龙里的狂热爱好者具有强大的吸引力。

在这个世纪的后几十年里，亚里士多德在剑桥和牛津仍然居于支配地位，虽然在个别学院中，有进取心的教师能够向他们的学生引入新颖的笛卡尔哲学。但是建于1660年的皇家学会位于伦敦，院士们是威廉·吉尔伯特的"磁哲学"的继承人，吉尔伯特曾经大大影响了开普勒的思想。约翰·威尔金斯（1614—1672）

是皇家学会的领导人之一，他在1640年刊行了《月球世界的发现》第二版。在该书中，他论证了去月球旅行在理论上是可能的，因为地球的磁影响随高度增加而减少："这是可能的，磁力的大小反比于它距离磁源即地球的距离。"

17世纪60年代早期，皇家学会实验室监理罗伯特·胡克（1635—1703）甚至作了测试，研究地球的拉力在大教堂的顶端是否比在地面上小，结果当然是不确定的。胡克坚定地推广他关于磁学的想法，用于说明太阳系中我们周遭所见的现象。到1674年，他提出了三个出色的"假设"：

> 第一个假设是，所有的天体，不管是怎样的，都有一种指向其中心的引力或重力，依靠这种力，它们不仅吸引自己的各个组成部分，阻止这些部分飞散（正如我们所观测到的地球那样），而且吸引位于引力作用球之内的其他天体。

胡克相信太阳系的所有天体以一种等同于重力、维系地球各个组成部分的力吸引着其他天体——更准确地说，是"它们的作用球之内"的那些天体。关于直线惯性，他论述得异常清楚：

> 第二个假设是，已经在做直线和简单运动的天体，不管它们是怎样的天体，将会继续沿着直线向前运动，直到受到别的有效作用力的影响，才会偏斜或弯曲成用圆、椭圆或别的更复杂的曲线所描述的运动。

第三个假设是，引力的作用是如此强大，不管作用于其上的物质离得多近，引力仍然指向自身的中心。

但是，引力究竟是与距离成反比（$f \propto 1/r$），还是与距离的平方成反比（$f \propto 1/r^2$），抑或是别的什么形式，胡克不能够确定，他认为答案相对来说并不重要，仅仅是留给数学家的问题之一而已。

因为天体的亮度随距离的平方而衰减，故而反平方定律是明显的候选者。但是还存在一个更加令人信服的理由。圆周运动（例如吊索上一块旋转着的石头）的动力学分析和开普勒行星运动的第三定律使人联想起，如果行星全部以严格的圆周轨道和均匀的速率围绕太阳运动，这些轨道的全部样式都可以解释为太阳引力随距离平方减少的结果。但是行星的真实轨道是椭圆。能够证明椭圆轨道也是由引力的反平方定律所引起的吗？

到1684年，伦敦的意见变得坚定了：答案是反平方定律。但是没有人能用数学证明这一点。才华横溢而又守口如瓶的剑桥数学家艾萨克·牛顿（1642—1727）能做到吗？埃德蒙·哈雷（约1656—1742）鼓足勇气挑战了牛顿。他问道，一颗行星被太阳按反平方定律吸引，其轨道将呈现什么形状？牛顿毫不犹豫地给了哈雷他所希望的回答：一个椭圆。

牛顿于1661年进入剑桥，在1665年成功分析了严格圆周运动的动力学。但在试图了解行星的轨道时，他面临了一个严峻的问题：在笛卡尔的宇宙（牛顿那时候将它视为一个实在的真实）

中，月球被太阳的旋涡和地球的旋涡两者所携带，因而使数学分析异常艰难。至于行星，有人则提出开普勒第二定律的几种变形，它们在观测上差不多是相同的，但在概念上有天壤之别。牛顿自己试图用该定律的对点形式进行研究，但是，最终他出版了一本书，将这个定律表达成我们今日所知的面积公式。

1679年，当收到一封来自胡克的信时，牛顿仍然致力于弄清旋涡的意义并且仍被轨道运动的动力学分析弄得一头雾水。胡克现在是皇家学会的秘书，他渴望剑桥的数学家参与学会的活动。他邀请牛顿考虑"行星切向运动（惯性运动）和向心运动"的后果。胡克并不将轨道运动视为离心力和向心力之间斗争的结果，而是将其视为吸引力对运动的影响，否则运动仍将会是直线运动。

胡克也告诉牛顿，他试图（见第六章）测量周年视差以证明地球的运动。在答复中，针对地球必定静止的传统"证据"（垂直向上射出的箭回落到发射的原地——或从塔上丢下的一块石头回落到塔基的地面），牛顿提出了新的解释。牛顿指出，因为塔顶比塔基距离地心更远，并且因为地球事实上是在自转，所以仍然处于塔顶的石头比塔基地面的水平运动要快。于是他论证说，石头下坠时仍维持其水平速度，故而事实上它撞击的那块地面应该在塔的前方。他继续讨论这块石头会怎样运动：在假想情况下，石头可能不受阻碍地穿过地球。如此，牛顿将一个自由落体问题转化成了一个轨道运动问题。

胡克得意地指出了牛顿分析中的一个错误，尽管穿越地球的一条假想路径很对他的胃口，但他确实向牛顿表示过对反平方定律的支持："我的推测是，引力永远与离中心的距离的平方成反比。"

对于任何批评，牛顿的反应是不予理会，同时他悄悄地致力于建立物质的真实。虽然他认为胡克所提的方案脱离了充满物质的真实（笛卡尔的）宇宙，他还是进行了数学分析并且作出了非凡的发现：胡克的行星沿着以太阳为一个焦点的椭圆运动，从太阳到行星的连线在相等的时间里扫过相等的面积，恰似开普勒对于真实行星的描述。能否说胡克的世界是真实的——一个几乎为空的世界里，孤立的天体不知为什么能依靠引力穿越其中的空间而相互影响——而笛卡尔的充实反倒是虚幻的？

我们对于牛顿思想从1679年至1684年（哈雷的造访）的发展知之甚少，只知道牛顿与皇家天文学家约翰·弗拉姆斯蒂德（1646—1719）之间就1680年11月趋近太阳的一颗彗星是不是次月离开太阳的那颗彗星（确实是同一颗）有费解的信件往来。如果是的话，其间发生了什么？又是为什么会发生？牛顿一度认为它可能是一颗"从太阳的范围内流了出去"的彗星——它已经绕过了太阳的背面，他或许已经想到这颗彗星的路径是太阳引力的结果，但是我们对此不能肯定。当然，恭敬适度并且举止得体的哈雷的造访鼓励了牛顿，牛顿答应哈雷要证明椭圆轨道是由太阳的反平方引力引起的。草稿越写越长，最终形成了《自然哲学的数学原理》（1687），该书以缩写的拉丁文标题 *Principia*（《原理》）更为人所熟知。同时代人因书名中对笛卡尔冗长而异想天开的

《哲学原理》的挑战和非难而接受了它。

最初的草稿只有9页，它分析了在空的空间中以惯性运动的天体在一个"中心"的拉力影响下的轨道。这样一个天体会服从开普勒面积定律。如果拉力符合反平方定律，则轨道会是圆锥曲线——椭圆、抛物线或双曲线。如果天体按椭圆轨道运动，拉力指向其焦点，则轨道会服从开普勒第三定律；反之亦然。所有三条从观测中导出的开普勒定律（第二条以"面积"形式表示），在一种高度可疑的动力之下，现在都已经被证明了是直线运动在反平方力作用下的结果。

牛顿还没有将引力视为大大小小的天体之间一种相互的作用力，如同更早些时候胡克所做的那样；这是难以理解的，因为他的草稿上记录过开普勒第三定律可适用于木星的伽利略卫星和土星的5颗卫星（克里斯蒂安·惠更斯在1655年发现了土卫六，而后卡西尼又发现了4颗卫星）。所有这些卫星被它们的母体行星所吸引，人们觉得奇怪：如果土星会拉土卫六，为什么土星却不会拉太阳呢？可能牛顿也有同样的想法，因为在下一部手稿中，引力就成为万有引力了。

牛顿认为，充满物质的笛卡尔的宇宙（其中的天体不停地相互撞击）现在已让位于几乎为空的宇宙（其中的天体做直线惯性运动并受所有其余天体引力的影响——引力能穿越空的空间而抵达）。牛顿理所当然地被由此造成的数学挑战的复杂性吓呆了，尤其是在研究地球和太阳共同拉力下的月球运动的时候。对欧洲大陆的数学家来说，他们因牛顿求助于一种神秘的"引力"

这一后退之举而大受震动。对于这种引力，牛顿没有给出原理，它对整个世界而言像是重新引入了可疑的"同情心"和机械论哲学刚刚才予以剔除的其他"隐秘特性"。

经过两千年的观测和分析之后，反平方力的性质依然神秘，行星轨道最终却被弄懂了。但是彗星的情况又如何呢？牛顿现已确定，1680年末所见的两颗彗星是同一颗，而且它的确是从太阳周遭的范围内"流出"的。他断定，彗星也有同样的规律，在《原理》中他指出，彗星的轨道是圆锥曲面（虽然不是必须为椭圆），而且它们也符合开普勒面积定律。这展示了以扁长椭圆轨道运动的彗星会定期地回到太阳系的可能性。

胡克久已怀疑地球对下坠石头的拉力与它对天体的拉力是一样的，现在牛顿也有同样的想法。但是将地球对一块石头的拉力和它对月球的拉力相比时，他面临着一种数学上的挑战。他将不得不把构成地球的所有物质对石头的拉力合并在一起，这些拉力作用的距离范围从几英尺到几千英里。将一种力通过薄薄的大气和通过若干英里的岩石及泥土后如何具有同等有效性的问题搁在一边——牛顿的有些追随者会承认，这只有在造物主的直接命令下才会发生，牛顿证明了一个重要的定理：合并的拉力等于设想整个地球全集中于地心的拉力。

他现在能够将地球对石头的拉力（在1个地球半径的距离上有效）和地球将月球送入封闭轨道（距离为60倍的地球半径）的拉力相比较。他发觉拉力之比的确为$60^2:1$。地球和天空符合引力的反平方定律。

当《原理》的文稿增厚时，能找到解释的现象也在增加。潮汐源自太阳和月球对陆地及海洋的引力效应之间的差别。自转的地球在赤道隆起而在两极平坦，因而不是严格地呈球形；结果是，太阳和月球的引力造成了地轴的摆动，并且由此引起了喜帕恰斯首先注意到的分点的岁差。月球运动中的几个"不等量"或不规则性也被发现——一个由托勒密发现，另一个由第谷发现——这些也是牛顿能定性地（即使不是定量地）作出说明的。

我们的卫星是易于观测的，虽然很容易说它受到了引力，但从数学上分析则是高度复杂的。牛顿为18世纪最具才能的数学家设置了一项任务：证明观测到的月球运动完全能够用反平方定律来说明。胆小鬼不敢去对这些逐步走向成功的尝试作历史性研究；对我们来说幸运的是，与其说它属于天文学史，倒不如说它属于应用数学史。

牛顿能够用观测到的地球、木星和土星的卫星去计算它们母行星的质量，他发现木星和土星要比地球巨大——而且，十之八九要比水星、金星和火星大。这两颗大质量行星似乎位于太阳系的外围，在那里它们的巨大引力对太阳系稳定性的伤害会最小。即使是这种天意的安排也会经受摄动，然后系统会"需要一种改革"：天意会进行干涉，以恢复原始的秩序，从而证明上帝对人类的持续关怀。

有些欧洲大陆的学者，如著名的莱布尼茨（1646—1716），认同牛顿的观点，认为上帝是伟大的钟表师，并且将宇宙视为机械装置的一个杰作。牛顿将上帝视为一个用创造奇迹的方式修正其大错的可怜工人，莱布尼茨对此感到大为愤慨。对于牛顿来说，从一开始这就是上帝计划的全部；为展现对其创造的继续眷顾，上帝参与了与宇宙的一个服务合约。

其余的欧洲大陆人发现引力的概念是个倒退：牛顿的确用这个设想的力解释了许多运动，但引力本身到目前为止还是不可解释的。它能用笛卡尔原理来说明吗？牛顿在《原理》中对定理所作的陈旧几何表述足以吓住所有人，除了少数自以为是的读者。18世纪早先几十年里，《原理》得到推广，特别是大陆数学家成功地利用了牛顿的方案并且解释了月球复杂运动中越来越多的方面，这时引力的价值才变得无可置疑。1759年一颗彗星重现时，任何残留的疑虑都被一扫而光。

笛卡尔认为，一颗彗星是一颗死了的恒星，它自己的旋涡已经破灭，然后它从一个旋涡飘到另一个旋涡，如果它进入一个旋涡足够深的话，它仍然可以像行星一样待在那里。但是牛顿声称彗星符合开普勒定律（以其推广了的形式），而且轨道为扁长椭圆的彗星会有规律地重现。因此哈雷搜寻历史记录，寻找3颗或更多具有相似轨道特征的彗星，它们的再现在时间上间隔了同样的年份或其倍数；他发现1531年、1607年和1682年的彗星吻合这一规律。1695年，他告诉牛顿，他想这些是同一颗彗星的重现。

它们的时间间隔虽然相似，却并非相等。哈雷意识到，这是因为轨道会发生更改，彗星穿越太阳系时，会在大行星近旁经过，并且经受该行星的引力拉动；他预报同一颗彗星将于"大约1758年的年末或次年的年初"回归。

这些特异的景象能够像行星那样有规律吗？在1757年的夏天，克雷洛（1713—1765）和他的两个同事借助钟表较详细地计算出了这颗彗星的轨道在1682年如何变更，当时它离开太阳系从木星近旁通过；最后，他们能够预测这颗回归的彗星在1759年4月中旬的几周内在太阳附近转向。

1758年的圣诞节，人们的确看到了一颗新到达的彗星，它在1759年3月13日绕太阳环行。关键的一点是，它的轨道特征与哈雷已经研究过的3颗彗星的轨道特征非常相似：这4颗彗星是同一颗彗星。使天文学家和公众惊讶的是，牛顿力学预报了"哈雷彗星"在间隔了3/4个世纪后的回归。

同时，对于月球复杂运动的分析花费了许多数学努力。这少部分是由数学上的好奇心所推动的，但大部分出于严肃目的。海上水手的生命取决于他们知道自己在哪里，尤其是在夜间。船舶的纬度可以比较直接地被测量：领航员在夜间测量天极的地平高度（或者，不那么直接地，在中午时测量太阳的地平高度）。确定经度——对今日的航空旅行者来说，时间改变太熟悉了——则要困难得多。人们该如何比较地方时和标准时（今天我们用的是格林尼治标准时间）呢？18世纪早期，摆钟在陆地上走得还比较准，但到了海上就没用了。

几个世纪以来，不时有人采纳喜帕恰斯的建议，认为城市之间的经度差，可以通过在两个地方同时观测月食，比较其地方时来确定；但是这样的食相对于航海者来说实在是太罕见了。伽利略提议用寻常得多的木星卫星的交食来代替；到了17世纪晚期，精确的木卫表使得这一方法在陆地上得到了成功的使用。但这样的食相——公平地说，依然很罕见——几乎不可能从船上观测到。

也有人曾尝试过另外的方法，既有几近无用的方法，也有离奇古怪的方法。最后严肃的选择方案归结为两个：研制能在海上维持精确时间的天文钟，以及利用月球相对于恒星的快速运动（与钟表时针相对于日晷时钟示数类似）。英国议会为海上经度问题的实际解决方案提供的奖金将使领奖人一夜暴富。

制作天文钟是手工钟表匠的活儿，其中为首的是约翰·哈里森（1693—1776）。同时，大学培养出的天文学家和数学家则为完善"月球距离"的测量方法而努力。为将这个方法付诸实施，领航员必须首先确定月球在天空中的现时位置——实际上，是它相对于附近恒星的位置。为此，他需要一张准确的恒星星表和一架用来量度月球和附近恒星之间角度的精确仪器。然后他要求有一张可靠的月球用表，将月球的观测位置转换成标准时，用来与他的地方时作比较，从而给出他的经度。恒星位置、角度测量以及月球用表的误差都会加大船舶实际位置和领航员计算出的船舶位置之间的差距，因而，将三项误差中的每一项尽可能地减少是很重要的。

位于格林尼治的皇家天文台于1675年创立，专门用于满足航海者对一张精确的恒星星表的需求；1725年发表的弗拉姆斯蒂德的遗著《不列颠星表》中含有3000颗恒星，它比第谷的肉眼恒星星表改进了整整一个星等，皇家天文学家首次满足了这一需求。适用于海上测量角度的精确仪器于1731年问世，这是一台双反射象限仪（六分仪的前身）。该由数学家（实际上都是法国人和德国人）来完善牛顿的月球理论了，他们要整理出一张月球位置的精确用表，能够提前数月计算出月球的位置供航海者使用。终于，格丁根的教授图比亚斯·迈耶尔（1723—1762）研制出了这张用表，好得足以使他的遗孀获得英国提供的3000英镑的奖金。所有这些使得当时的皇家天文学家奈维尔·马斯基林（1732—1811）能够在1766年出版《航海历书》的首本年刊。

与此同时，哈里森正在制作一个又一个巧妙的天文钟。第一个被送到里斯本做试验用的天文钟于1736年被运回。结果是振奋人心的，哈里森因此获得250英镑，可用于进一步的研究和发展。大约30年之后，1764年哈里森带着他的第四个天文钟航行到了巴巴多斯而后返航，事后他被授予原先作为奖金提供的20000英镑的一半。一旦合适的天文钟能够批量生产，它们就成了经度问题更可取的解决方案。天文学家发觉自己还有一种新的作用：给大港口的天文台配备人员并在正午（或午后一小时）投放报时球，使得航海员在起航之前能够检查他们的天文钟。哈里森的天文钟——运动中的诗——今天能在格林尼治国立海事博物馆里看到。

牛顿看到了将小质量的内行星与大质量的木星和土星分隔开的巨大间隙，并视之为上帝保护太阳系免遭瓦解的证据。但是开普勒早先提出过这样的概念：这个间隙被一颗迄今尚未发现的行星所占据。到了18世纪，"已知行星"（言外之意是或许还有别的行星仍属未知）这一说法已经被接受，一个奇妙的、依据行星离日距离排位的算术数列的发现使得人们纷纷推测可能有一颗"失踪的"行星存在。在1702年出版的《天文学基础》中,牛津大学教授戴维·格里高利(1659—1708)将这些距离定为正比于4、7、10、15、52和95;将其中两个数字稍作变更后,维滕贝格的约翰·丹尼尔·提丢斯(1729—1796)让它们等于4、4+3、4+6、4+12、4+48和4+96。这些数字具有$(4+3\times 2^n)$的形式。这个算式被年轻的德国天文学家约翰·艾勒托·波得(1747—1826)热情地采用了,今日被称为波得定则。提丢斯和波得一致认为,定然有或曾经有对应于项$4+3\times 2^3$的一个或数个天体。

1781年,一件完全意想不到的事情发生了:一个业余观测者威廉·赫歇尔(1738—1822)——关于他我们将有很多话要说——在研究较亮的恒星时,偶然见到了一个奇妙的天体,它被证明是一颗行星,今日我们称之为天王星。数学家定出其轨道时发现,他们作出了重大发现,它与太阳的距离符合这个数列的下一项:$4+3\times 2^6$。这足以使哥达的宫廷天文学家冯·察赫(1754—1832)对数列的效力感到信服,他开始搜寻对应于项$4+3\times 2^3$的行星。未获成功之后,1800年,他和一群朋友举行了一次会议,讨论怎样最好地继续下去。他们将黄道带——任何行星可能存在的区域——划分成24个区;每个区指定一个特别的观测者,他的职责是管辖他的区并且搜寻没有固定驻留地的任何一颗"恒星"。

西西里巴勒莫天文台的朱塞佩·皮亚齐(1746—1826)是他们看中的巡视员之一。当时皮亚齐正在研制一张恒星星表,他工作得很仔细,在后一天的夜晚会重新测量每颗恒星的位置。1801年1月1日晚,在冯·察赫和同伴的邀请到达之前,皮亚齐正在测量一颗八等"恒星"的位置,当他重测这颗星时,他发觉它已经移动了。

在太阳的眩光中丢掉它之前,皮亚齐也只能跟踪这个天体几个星期。该年年末,冯·察赫又重新发现了它,这得感谢新出现的数学天才卡尔·弗里德里希·高斯(1777—1855)。皮亚齐称它为谷神星,它与波得定则的缺失项正好相符,但它是小个儿的:赫歇尔(正确地)认为它甚至比月球还要小。更糟的是,还有三个这样的天体,也是既小又符合缺失项,在接下来的几年中它们陆续被发现。赫歇尔提出将这些天体新族的成员称为"小行星"。内科医生和天文学家威廉·奥伯斯(1758—1840)也卷入了对失踪行星的搜寻,他认为它们可能是曾经存在过的某颗行星的碎片。

搜寻持续了许多年,但是没有结果,最后也就放弃了。直到1845年,另一颗小行星被德国的前邮递员亨克发现。他的第二个成功发现是在两年之后,这次重新燃起了大家的兴趣。到了1891年,被找到的小行星已经多于300颗。照相术现在已经简化了搜寻。海德堡的马克斯·沃尔夫(1863—1932)能够用一架追踪天空移动的望远镜在几个小时内拍摄一个大星场;恒星将以光点形式出现,小行星相对于恒星运动时会留下一条光迹。

假如奥伯斯是正确的,那么每颗小行星的轨道——至少初始时——会通过行星瓦解之处和太阳反面的对应之处。事实证明情况不是这样的。天文学家现在认为小行星合并起来的质量只是月球质量的很小一部分，由于木星的引力，它们是不可能聚合成一颗行星的。

天王星的发现延伸了波得定则的序列，但人们很快就发现，这颗行星的运动是令人费解的。人们发现它早在1690年就被观测（并且被列为一颗恒星），所以初期草率地确定了它的轨道，但天王星随即就偏离了预定路径。各种各样的解释被提出，最后解释缩减为两个——或是反平方定律的公式在这样的距离上需要修正，或是天王星被一颗至今仍未发现的行星拉动——并且归结为一个：未发现的行星。到了19世纪40年代，两位天才数学家伏案工作，用笔在纸上计算，希望告诉天文学家去何处寻觅这颗未知的（也是先前意料之外的）太阳卫星。

两个人中年纪小一些的是剑桥大学的毕业生亚当斯（1819—1892）。詹姆斯·查理斯（1803—1882）是亚当斯的教授。1845年秋天，在查理斯的建议下，亚当斯访问了格林尼治，向皇家天文学家埃里（1801—1892）解释自己的计算。由于运气不好，他未能见到埃里，但他留下了结果的摘要。次年夏天，埃里惊讶地收到了巴黎的勒威耶（1811—1877）的一篇论文，该论文预言了一颗几乎总处于同一位置的行星的存在。埃里的见解是，那种研究不是他所管理的国家天文台的研究范围，但他要求查理斯在剑桥展开搜寻。

查理斯只好小心翼翼地在某一天区中标绘出星状天体，然后在一天后回来看看它们之中是否有一个移动了。这不可避免地是一个令人腻烦而且耗时的过程，查理斯也并不着急。不幸的是，为了英法关系的未来，勒威耶要求柏林天文台的天文学家展开搜寻。他们——不同于查理斯——拥有柏林科学院新星图的有关图片，所以能够将天空中的恒星与星图中的恒星进行比对。在1846年9月23日开始搜寻的几分钟之内，他们就找到了一个不在星图上的星状天体。它正是那颗失踪的行星。

后来人们知道，查理斯注意过同一颗"恒星"，但是他还没来得及回到同一天区里重新测量其位置。对英国人来说，亚当斯是海王星的共同发现者，但法国人不这么看。但是，不管这个优先权的问题争论得如何，牛顿力学的地位得到了充分肯定。

这一令人愉快的情形并没有持续。像天王星的轨道那样，水星的轨道有一个无法解释的特征：它最靠近太阳的点在经度上的进动比预料中的更快，大约每一个世纪超前1度——虽然不多，但仍然要求解释。勒威耶不禁怀疑还有另一颗看不见的行星；1859年9月，他宣告说，一颗大小和水星一样、离日距离只达一半（从而难以观测）的行星可能是该现象的一种解释。碰巧，一个名叫莱卡博的不知名的法国内科医生在该年年初曾经看见一个天体横穿太阳（或者他是这么认为的），当他读到勒威耶的预报后，他写信给勒威耶。勒威耶说莱卡博的观测是可靠的，他很满意，并将莱卡博曾经见过的这颗行星命名为祝融星。越来越多的人声称见到了祝融星，但都不太可信；到世纪末，祝融星终被舍弃，因为人家认为它并不存在。1915年，爱因斯坦指出，水星的异常行为正是他的广义相对论所隐含的：宇宙中还有许多奥秘是超出牛顿哲学的想象的。

# 探索恒星宇宙

直到1572年，天文学家才把"固定的"恒星——在位置上和在亮度上都是固定不变的——视为行星运动的背景。当然，事实上恒星具有越过天空的独特或"固有"的运动，但是星际距离是如此之大，以至于即使是发自最近恒星的光也要几年后才会到达地球。因此，自行几乎是不可察觉的，除非拉长时间尺度；文艺复兴时期观测者所见的恒星位置与托勒密赋予它们的位置没有什么不同（除了岁差的总效应）。

没有注意到亮度的变化可能是更令人惊讶的。虽然大多数恒星，比如太阳，几乎是不变的，但少数恒星被一个伴星交食后亮度会衰减，其他恒星则会经受较大的物理改变，无论是规则的还是不规则的，从而发生亮度变化。但是这些变星中没有一颗能亮到使其亮度变化让中世纪的观测者相信天区是变化的。已经知道改变是不可能的，为什么还要寻找改变呢？

大自然唤醒了我们，1572年新星的出现（如第谷所见，参见第四章）使我们相信了恒星是会变的，这燃起了我们对它的兴趣。另一颗这样的新星在1604年爆发，它给欧洲带来了惊恐和沮丧。8个世纪以来的第一次，缓慢运动的行星木星和土星在黄道带致命的"火焰区"相合；新星在它们中间闪耀，火星也参与其中——能想象到的最不祥的占星事件。

现在所有人都相信天空会发生变化。的确，还有人谈到出现于鲸鱼座的另一颗新星，但是它要暗一些，在它暗淡下去和消失之前，只有一个观测者看见过它。1638年，鲸鱼座成为第二颗新星的宿主（至少看起来如此）；像前面的那颗新星一样，它逐渐变暗并且消失——但是在它的发现者能够发表他的描述之前，它又重现了，这使他很惊讶。它继续每隔一段时间就消失和重现，1667年，伊斯梅尔·布里奥（1605—1694）宣布这颗"奇妙的星"每隔11个月达到最大亮度；它的运动在某种程度上是可以预报的，因而是有规律的。

布里奥继续给出了变星的一个物理解释，那是一个非常巧妙的解释。他指出，太阳黑子的变化表明，太阳本身——此时仅仅被认为是最靠近我们的恒星——严格说来是变化的。太阳黑子的转动证明了太阳整体是自转的，其他恒星无疑也是如此。设想一颗布满黑斑而不仅仅是太阳黑子的自转恒星，每当一块黑斑朝向我们时，我们将看到恒星的亮度减弱，这将随着恒星的每一次自转而有规律地发生。但若黑斑像黑子那样不规则地变化，则亮度也会不规则地变化。用这种方式，布里奥能够说明规则的和不规则的变化。的确，他成功地从物理学角度解释了变星，天文学家心满意足地宣布了他们关于特殊恒星变化的发现。但是，他们的话既不易被证实又不易被证伪；变星的数目激增，整个论题声名扫地。

到了18世纪末，威廉·赫歇尔发表了一系列《恒星的比较亮度表》，证实的任务就被简化了。在表中，赫歇尔将一颗恒星与其附近具有相似亮度的恒星进行了仔细地比对，如此一来，一颗恒星的变化将会扰动与其比较的恒星从而显露其自身。赫歇尔推广了一种方法，按亮度等级排列恒星的序列，这个方法在18世纪80年代早期被两位业余天文学爱好者发展，他们是英格兰北部约克市的一对邻居。爱德华·皮戈特（1753—1825）是一位有造诣的天文观测家的儿子；他的年轻朋友约翰·古德里克（1764—1786）是个聋哑人，他热情地接受了邀请，参与了变星的研究。

他们研究的恒星之一是大陵五，一个世纪之前，它曾有两次被报告为四等星，而不是通常的二等星。1782年11月7日，大陵五仍是二等星，但5天后，它减弱为四等星，次夜，又变回二等星。如此之快的变化前所未有，所以这两人一直监视这颗恒星。12月28日，他们的努力得到了回报：黄昏时他们见到的大陵五为三等或四等星，但就在他们眼前，它增亮为了二等星。皮戈特马上怀疑大陵五正被一颗卫星所食，次日他向古德里克送出一份报告，在报告中，他假设11月12日至12月28日间的46天里，卫星完成了一个或两个轨道，并由此计算出了这颗假想中的卫星未来的轨道。事实上，在即将到来的几个月中，他们的观测表明，卫星——如果这是原因的话——绕大陵五运转一周不足3天。天文学迄今不知道这一现象。

皮戈特慷慨地将向英国皇家学会正式报告之事留给了他的残疾朋友，但十多岁的古德里克只说交食理论为可能的原因之一，和传统的黑斑说一样。皮戈特事实上是对的——大陵五的确是被一颗伴星所食——但是这两位朋友最终又回到了黑斑解释上，这可能是因为他们错误地认为他们看到了大陵五光变曲线中的不规则性，或是因为他们发现的另外3颗短周期变星不能用交食理论说明。事实上，其中两颗是造父变星，即迅速升至最大亮度而后缓慢变暗的脉动恒星，有一天它们会被埃德温·哈勃和他的同时代人用作距离指示物。

结果是18世纪的天文学贡献出了一族新的变星，它们的周期只有几天，但在理解这些现象的物理原因方面，进展甚微。

皮戈特和古德里克曾见到大陵五的亮度在几小时内发生变化。相比之下，位置的变化则要在很长时间后才能观测到。相对而言，只有很少的恒星具有高达每年1弧秒的自行，已知最大的自行也只是刚刚超过10弧秒。这样的运动只有在比较了恒星的现在位置与记录在星表中的早先位置后才能发觉；在其他条件相同时，距离早期星表的时间间隔越长，得到的自行值就越精确。但不幸的是，其他条件并非相同；当我们沿时间回溯时，精度标准下降，早期星表中任何不精确的恒星位置将会影响由此得出的自行精度。

古代唯一的星表在托勒密的《天文学大成》中；1718年爱德蒙·哈雷用这张星表定出黄道倾角——黄道对赤道倾斜的角度——的变率时，认识到3颗恒星定然是相互独立地运动着。

哈雷进一步研究这个问题就不容易了，因为过去唯一一张有价值的星表是第谷的星表。它比托勒密的星表要精确得多；但是它距此时只有一个世纪多一点，并且它的作者处理折射，即星光进入地球大气后的弯曲（它影响了恒星在天空中的观测位置）时非常粗糙。不过，未来的几代人能够将约翰·弗拉姆斯蒂德在格林尼治精心编制的《不列颠星表》作为时间的起点去量度恒星的自行了。

或许只是看起来如此。后来在1728年，詹姆斯·布拉德雷（1693—1762）宣布了一个完全出人意料的复杂情况："光行差"。光速很大，但是，正如上世纪晚期对木星卫星交食的观测所表明的，光速仍然是有限的。当木星靠近地球，携有交食信息的光不必走那么远时，交食会提前发生。当木星离开太阳背面时，交食会推迟发生。

相对而言，地球在其绕日轨道上的速度是小的，但它又大到足以影响恒星的观测位置。在观测者看来，一颗恒星位于星光到达的方向上；这个方向随着地球运动方向的改变而（微微地）改变——如同事实上垂直落下的雨似乎从我们前方打在我们的脸上一样。

我们将在本章的后面看到布拉德雷是怎样发现了光行差。他的发现暗示，即使是用《不列颠星表》作自行测量的时间起点也是有严重缺陷的。布拉德雷在1748年宣告地球的轴有"章动"或摆动时，该星表的另一个缺点也暴露了出来。地球不是一个理想的球体，太阳和月球对地球的引力拉动有变化，"章动"由此产生，它也引起了用于测量恒星位置的坐标系的运动。

布拉德雷在1742年成为皇家天文学家。从1750年起直到他的健康开始衰退为止，他一直执行着一项观测计划，在其中他谨小慎微地记录着能够影响恒星观测位置的所有情况。但是他没有能来得及"归算"自己的观测——通过计算推导出恒星的真正位置。归算直到1818年才完成，当时伟大的德国数学家弗里德里希·威尔海尔姆·贝塞尔（1784—1846）出版了书名贴切的《天文学基础》，该书包含1755年超过3000颗恒星的位置，这一年正是布拉德雷观测计划中一个方便的年份。从那以后，19世纪的天文学家能够将一颗恒星的现时位置与《天文学基础》中给出的该恒星在1755年的位置作比较，从而确定每年运动着的恒星在这段时间间隔中穿越天空有多远。

布拉德雷自己在1748年指出，所有的自行都是相对的：我们并没有观测到一颗恒星在绝对空间中怎样运动，而只是观测到它相对于我们如何运动。12年之后，图比亚斯·迈耶尔讨论了这一点的含义。如果除了太阳以外，每颗恒星都是静止的，则太阳系通过空间的运动会向我们揭示其在恒星之间的（视）运动样式。因此，已知自行中的任一样式都可能反映了太阳系的一种运动；剩余运动将会是单颗恒星的剩余运动。

一个现代的类比说明了这种样式是怎样的。在城市里夜间驾驶一辆小汽车，远处的车灯似乎合成一束，但当我们靠近时，它们似乎又分开了。同时，我们左边的街灯似乎在反时针运动，而我们右边的街灯似乎在顺时针运动。

迈耶尔没有在他所知的（不可靠的）自行中找到这样的样式，但在1783年，威廉·赫歇尔——有一段时间完全扑在书桌上工作——相信自己已经找到了一种样式,这种样式意味着太阳系正向着武仙座运动。今天,没有人怀疑他的结论,但是他的论据经不起仔细的调查。一代人以后,贝塞尔发现了找出可靠自行的方法,那几个月他的《天文学基础》正在印刷,并且他拥有阐明任何一种运动样式所需要的全部数学才能,但他只留下了一片空白。

到了1837年,天文学家才相信一种解决方案就在眼前。那一年,波恩的天文学教授阿格兰德尔(1799—1875)发表了不少于390个自行的分析。他将自行按大小划分成3组,每组独立地给出了一个太阳向点的方向,离赫歇尔提出的方向不远。

他的结论很快被其他天文学家的分析所证实,但是这些全都依赖于同一基本资料——布拉德雷在英格兰对恒星所作的观测。但是拉卡伊(1713—1762)在1751年至1753年造访了好望角并且定出了差不多10000颗恒星的位置,部分南天恒星在19世纪的位置当时也已经知道。1847年,保险统计员托马斯·加罗威(1796—1851)分析了81个自行(它们同布拉德雷完全无关)并且导出了一个方向,与基于北天恒星资料导出的方向相似。此后没有人再怀疑太阳系正按武仙座方向运动,对于已知自行(随时间推移而在数量和精度上大大增加)的进一步分析只被用来完善这个理论。

恒星有多远?对于古时的托勒密和16世纪晚期的第谷·布拉赫来说,固定的恒星只在最外的行星之外。但若哥白尼是对的,则每6个月,我们就能从长度为地球绕日半径两倍(两个"天文单位")的巨大基线的两端观测恒星。正如我们已经看到的那样，即使第谷用他的精密仪器也不能检测出恒星之间会产生的视运动（"周年视差"），他很合理地将此视为对日心假设的驳斥。

问题部分出在观测上：温度和湿度的季节变化将造成仪器的翘曲，空气压力的改变会使折射发生变动。伽利略像往常一样机灵，他想到了一个办法来克服这些困难：假设两颗恒星相对于地球位于几乎同一方向，并且假设其中一颗比另一颗要远得多。

较远恒星相比较近恒星有小得多的视差；这意味着，如果我们全然忽略较远恒星的视差并且视它为天空中的一个准固定点，再由它来测量较近恒星的视差，我们也不会错得太离谱。但这样做的便利非常明显，因为这两颗恒星将因仪器的任一翘曲、折射的改变等受到相等的影响，可将这样的复杂效应从考虑中剔除。

懒惰一如往常的伽利略并没有证实自己的观点，好多年后他才取得了进展。与此同时，勒内·笛卡尔让学界相信，恒星是太阳，而太阳只是我们区域内的恒星。这是对恒星距离问题的一种新观点。

倘若空间是完全透明的，光会按照距离的平方律衰减。因此，如果太阳被移至比它现在远1000倍的位置，它的亮度将只有现有亮度的百万分之一。现在假定恒星在性质上与太阳相似，而且在物理上与太阳恒同，这样从物理上来说，天狼星（还有其他恒星）就是太阳的双胞胎兄弟。如果天狼星的亮度是太阳亮度的百万分之一，假定空间是透明的，那么我们就会知道天狼星要比太阳远上1000倍。

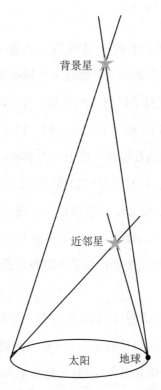

图15　伽利略检测周年视差的方法：测量一颗邻近恒星相对于一颗背景恒星的周年视运动

　　但是，人们怎样在明亮太阳的辉光和恒星的暗光之间作比较呢？荷兰物理学家克里斯蒂安·惠更斯（1629—1695）在他自己和太阳之间放置了一块平板，其上钻一小孔。他改变孔的大小，直至穿过小孔的这部分可见光在亮度上与天狼星相等，然后计算太阳的什么部分是可见的。这是一种粗略的办法，但是他的结果——天狼星距离我们27664天文单位——是1698年及其后25年被发表出来的唯一估算，因而被广泛地引用。明显地，恒星离我们很远。

与此同时，除了小圈子以外所有人都不知道的是，艾萨克·牛顿采用苏格兰数学家詹姆斯·格里高利（1638—1675）的独创性建议已经取得了好得多的进展。在一本出版于1668年的很少有人注意的书中，格里高利提出用一颗行星代替天狼星来简化亮度比较。直到该行星在亮度上与天狼星相等，人们才利用太阳系内的尺度知识，将直接照射到地球的太阳光与通过该行星反射到地球的太阳光相比较。按照这一思路，牛顿将天狼星放在1000000天文单位处。碰巧，天狼星比那个距离的一半还要远一些，牛顿的熟人此时完全意识到了太阳与邻近恒星之间的距离有多么巨大。

但是，这种暂时的假设（每颗恒星是太阳的一个双胞胎兄弟）是无法替代对于特定恒星周年视差（和由此得出的距离）的实际测量的。罗伯特·胡克想到，因为天龙座 $\gamma$ 从他伦敦寓所的头顶上通过，所以它的星光不受大气折射的影响。他将望远镜的部件与房子的实际构造结合起来，尝试着规避观测仪器季节性翘曲对结果的妨碍。虽然望远镜天文学尚处于初级阶段，但胡克设计并建造了一架望远镜，只为了在恒星通路上的某一时刻作观测。

胡克虽然足智多谋却没有坚持不懈：1669年他的疾病和一个望远镜透镜事故使他停止了努力，他仅仅作了4次观测。但是他的方法有许多可取之处。18世纪20年代中期，富裕的英国业余爱好者塞缪尔·莫利纽克斯（1689—1728）决定作另一次尝试：测量天龙座 $\gamma$ 的周年视差。他邀请詹姆斯·布拉德雷参与了他的工作，并且委托杰出的制造商乔治·格雷厄姆制作了一架"天顶扇形仪"。这架有垂直望远镜的仪器被安装在了莫利纽克斯家的烟囱上，当恒星从头顶上越过时，望远镜的镜筒稍稍倾斜，以使恒星从视场中央通过。倾斜的角度可以用天顶扇形仪的刻度测量出来，由此给出恒星相对于垂线的角距离。

简单的计算表明，天龙座 γ 应当在圣诞节前一星期到达一个极南的位置，所以布拉德雷觉得奇怪，他在 12 月 21 日看到它从头顶上通过，明显比一星期前的位置更靠南。到了次年 3 月，它应当向北移动时，它走到了比其 12 月时的位置更靠南大约 20 弧秒的位置。然后这颗恒星停下来走回头路，到 6 月回到它在头年 12 月时的位置并且在 9 月到达最北端。

莫利纽克斯和布拉德雷这两位朋友争论着各种解释——是否有一种地轴的运动导致了我们用以测量恒星位置的坐标系的运动？或者地球大气因行星通过而遭到了畸变，大气折射意想不到地影响到了测量？——但是没有结果。布拉德雷委托格雷厄姆制作了另一架天顶扇形仪，这次有了更广阔的视场，能观测到更多的恒星，因此他建立了恒星运动的样式；但是，他仍然不知道该如何解释。后来有一天，在泰晤士河的一条船上，他注意到当船转向时，船上的风向标也随之转向——当然不是因为风改变了方向，而是因为船改变了航程。他现在意识到，星光同样是从改变了的方向抵达了观测者，因为当地球环绕太阳运转时，观测者也改变着位置。

1729 年他们向皇家学会宣布了光行差，这一发现是重大的，理由主要有以下几点。它是地球绕日运动的第一个直接证据。因为所有恒星受到相似的影响，这说明光的速度是自然界的一个常数。它揭示了（如同我们早先看到的）在过去的恒星位置测量（包括弗拉姆斯蒂德的测量）中有一个完全意想不到的错误。精度确切的布拉德雷的天顶扇形仪也不能观测到周年视差，因此恒星必定位于至少400000天文单位处。

就在前一年，牛顿的遗作《宇宙体系》的出版公开了牛顿的估计。的确，这基于恒星之间的物理一致性这一假设——认为天狼星位于百万天文单位处。这两个结果——一个给出实际距离，但是立足于一个有问题的假设；另一个则给出最小距离，但是基于直接测量——合在一起使天文学家相信，恒星距离的尺度终于被了解了。

其中隐含一个不受欢迎的结论：周年视差最多为1或2弧秒，这个角度是那么小，相当于几千米外一枚硬币的宽度。在几个月内进行的这样一个一分钟的运动几乎不可能被观测到，下一代的天文学家对这样一个无望的任务并没有表示出多少热情。威廉·赫歇尔在18世纪七八十年代收集了大量双星，表面上是为了用伽利略的方法测定视差；但他像自然史学者那样，收集了旁人有一天可能要用到的标本。大多数天文学家倾向于将他们的时间花在更有希望的调查方向上。

约翰·米歇尔（约1724—1793）曾在1767年指出——赫歇尔并不知道——双星的数目很大，其中大多数必定是空间里真正的成对者（双子星），它们与观测者的距离相同，伽利略测定视差的方法对它们来说是没有用的。当赫歇尔在世纪之交重新检查他的某些双星时，他证实了米歇尔的观点，而且还找到了两颗恒星相互运转的例子。一代之后，威廉的儿子约翰证实了它们的轨道是椭圆，以及将这些伙伴星结合在一起的力是牛顿的引力（他并不是唯一持这一观点的人）。虽然牛顿曾经宣布引力是一种普适的定律，但是这是定律应用到太阳系之外的第一个证据。

同时，天文学家发觉自己正处于这样一种境地：随着望远镜的改进，天球上恒星位置的两个坐标以日益增加的精度被测量出来，人们对恒星的第三个坐标——距离——则除了其巨大的尺度以外，知之甚少。当已知自行的数目增加，人们发现并非所有快速运动的恒星都是亮星时，就连最近的星最亮这个假设也成了问题。

一个极端的例子在19世纪早期就被找到了。先是皮亚齐，然后是贝塞尔发现，相对较暗的恒星天鹅座61以每年超过5弧秒的罕见速度穿越天空。这是否一定表明这颗恒星尽管亮度不高但必定距离我们很近？

周年视差当然是与距离成反比的。试图测量视差的观测者应将他们的努力集中在最靠近地球的恒星上，这是很重要的。1837年，在数次宣布测量成功，而后又被证明站不住脚之后，德国出生的威廉·斯特鲁维（1793—1864）提出了近距离恒星的三个判据：这颗恒星是否很亮？自行是否很大？如果是一对双子星的话，考虑到两颗子星相互运转的时间，这两颗子星是否看上去彼此分得很开？

在多尔帕特（今为爱沙尼亚的塔图）的天文台里，斯特鲁维被特许拥有一架由约瑟夫·夫琅和费（1787—1826）赠送的大型折射望远镜，它的物镜玻璃直径不小于24厘米，而且质量非常好。它的安装方式和赤道相似，轴指向北天极，所以观测者只需转动一个轴，就可以使望远镜和恒星排成一行。为测量视差，斯特鲁维选定了织女星，它很亮，而且有大的自行。1837年他宣布了17次观测的结果，由此推断出视差为1/8弧秒。三年之后，他报告了100次观测，这次他推断出视差为1/4弧秒。但是，自胡克起，虚假宣布一直不少，所以天文学家仍免不了心存疑虑。

其时，柯尼斯堡的贝塞尔同样幸运地获得了很好的仪器。他的夫琅和费折射镜并不是大型的，物镜直径只有16厘米。但是它的制作者不满足于一个高质量的透镜，他勇敢地将它分割成两块半圆形的玻璃片，它们能够沿着公共直径相互运动。每个半圆都有一个完整的像，而像的亮度只有原来的一半。如果望远镜转向一对双星，它们会出现在每一个半圆上，观测者能够将一个半圆相对于另一个半圆滑动，直至一个像上的一颗恒星与另一个像上的另一颗恒星恰好相合。需要的位移非常精确地表明了分割两星的角度。因为这样的仪器常用于监视太阳视直径的变化，所以它们被称为量日仪。

贝塞尔选择了被称为"飞星"的天鹅座61作仔细观测，因为其自行很大。1837年，他让这颗恒星受到前所未有的观测，每个晚上观测16次，在"能见度"特别好的情形下，观测次数还要更多，就这样观测了一年多。次年他宣布这颗恒星的视差约为1/3

弧秒。具有说服力的是，由他的观测所绘制的图与预期的理论曲线相吻合。约翰·赫歇尔告诉皇家天文学会，这是"实用天文学曾目睹的最伟大、最辉煌的胜利"。恒星的宇宙现在有了第三维，成功测量的周年视差的数目在未来几十年中会成倍地增长。

但是这宇宙的大尺度结构是什么？牛顿的《原理》几乎没有谈及恒星。1692年在收到年轻的神学家理查德·本特利（1662—1742）的一封信之前，牛顿很少思考宇宙学问题。本特利曾就科学和宗教作过一系列的讲座和布道，在将这些形成的文字付印以前，他想知道那本人人尊敬却无人读懂的浓缩的数学书作者的观点。本特利没有时间来研究笛卡尔的观点，笛卡尔认为上帝创造了宇宙，并放手让其自行运动；但是他想知道，这一观点的论据是什么，于是他问牛顿，在一个初始时完美对称的宇宙中会发生什么。牛顿没有意识到本特利指的对称是完全理想的，他回答说，在任何地方物质若比寻常更加稠密，其引力将会吸引周围的物质并导致更大的密度。本特利说牛顿说得不对，这使牛顿大为恼火，继而他承认在一个**完美**对称的宇宙里，物质没有理由以一种方式而不是另一种方式运动；但是他评论说，完美对称是有问题的，正如无穷多的缝衣针全都针头朝下立在一个无限大的镜面上。本特利反驳道："在无限空间中无限多这样的物质维持平衡不是一样难吗？"换句话说，当每颗恒星都被所有其余恒星的引力拉着时，恒星是如何"固定"不动的呢？

《原理》声称引力是自然中的普适定律，现在牛顿正陷入困境；即使经过多个世纪的观测，恒星似乎仍像以前一样固定。稀奇的是，牛顿是唯一一个（正如我们所知）对星际距离作过正确估算的人；但是他没有想到，恒星是那么遥远，它们的任何运动几乎都是不可察觉的。他继续相信恒星是不动的，他的问题是要解释何以会如此。

他的解答可以在打算作为《原理》第二版的草稿中找到，此稿在他为谋求伦敦的一个职位离开剑桥时被丢弃了。我们记得他将绕日运行的有限的行星系统视为上帝的规划，他要为人类提供一个稳定的环境，虽然这种稳定是不理想的，因而上帝最后会介入，以防止引力削弱系统。恒星系统同样是稳定的；但是他争辩说，这是因为恒星在数目上是无穷的，它们的分布（差不多）是对称的：每颗恒星最初是静止的，因为它在每个方向都被其他恒星同等地拉着，所以它会继续保持这样的状态。

但是只要瞥一眼夜空就会看出这种对称其实是不完美的；的确，即便为了向较近恒星间的表面对称提供证据，牛顿也需要独具慧眼。但是他并不将不完美对称看作一个问题：这是上帝的又一次有规律的干预，干预的结果是，恒星会恢复它们早先的秩序。

牛顿曾着力研究宇宙的动力学，但是这些一样的恒星向我们发光的动力是什么呢？ 1720 年左右，这个问题由他的熟人，一个年轻的内科医生威廉·斯图克利（1687—1765）向他提出。伽利略望远镜在一个世纪前就证实了银河由数不清的微小恒星并合的光所形成；但奇怪的是，对于引起这一现象的恒星的三维分布，人们几乎没有继续研究的兴趣。牛顿没有想到银河的状况反驳了他的观点，恒星宇宙其实并不是对称的。

可是，斯图克利猜测，可见的恒星会一起形成一个球状的集合体，银河中的恒星会在这个球体周围形成一个扁平的环——实际上，是土星和土星环那样的类似恒星的天体。作为回应，牛顿暗示，他更倾向于一个无限的对称分布的恒星宇宙；对此斯图克利——不知道牛顿暗中相信的正是这个概念——反驳说，在这样的一个宇宙中，"天空的整个半球会具有像银河系那样的发亮的外观"。

1721年早期，斯图克利和哈雷与牛顿一起共进早餐，并讨论了天文学问题。他们必定讨论了一个无限的恒星宇宙的可能性，因为几天以后，哈雷向皇家学会宣读了有关这一主题的两篇论文中的第一篇。当哈雷的论文在《哲学会报》上发表时，牛顿的宇宙模型最后——以不具名的形式——进入了公众视野。

在一篇论文里，哈雷仔细地评述道："我所听到的另一个观点主张，如果恒星的数目是无限的，那么它们的球体表面会是发亮的。"他对斯图克利的疑虑有自己的解决办法，但是它是有缺陷的。直到1744年，关于无限的和几近对称的宇宙中的光的正确分析才得以发表。瑞士天文学家德·谢塞奥（1718—1751）指出，在最近数颗恒星的距离处，有（可以这么说）空间使得任何两颗恒星不至于过分靠近；这些恒星一起填满了天球的一定（小的）面积。在两倍距离处，可容纳的恒星数目多达之前的四倍，但是每颗恒星的亮度变成了原先的1/4，视大小也变成了原先的1/4。所以，总体来说，它们会像更近距离的恒星那样将天空同样的面积填满，而且具有同样的亮度水平。在三倍距离处，恒星将用光填满天空更大的面积；依此类推，直到最后整个天空群星闪耀。

人们或许会如此认为（现代天文学家确实将夜空的黑暗视为提出了"奥伯斯佯谬"）。但是谢塞奥指出——如同奥伯斯在1823年所做的那样——这一推理假定所有从一颗特定恒星发出的光都到达了目的地；即使是微小的光损失，如果在沿途的每一步都发生，很远恒星的光就会显著地减弱直至看不见为止。所以无论是对谢塞奥还是对奥伯斯来说，都不存在任何佯谬。

对19世纪后期的天文学家来说也不存在佯谬，即使现在人们已经意识到，一种拦截星光的星际介质会自我加热并开始辐射。很多其他方法也可以摆脱困难，诸如无以太真空的存在，在其中光不能通过。只有在我们的时代，夜空的黑暗才会是一个佯谬。那些给它命名的人并不知道，这一问题回溯起来，要越过奥伯斯，到谢塞奥、哈雷，最终直到内科医生斯图克利。

同时，业余观测者开始苦思银河系。1734年，达勒姆的托马斯·赖特（1711—1786）作了一个公开讲座（或称布道），提出了他个人的宇宙论。他告诉听众，太阳和其他恒星围绕着宇宙的神圣中心运转。当它们这么运转时，它们占据着空间中的一层球壳，其外则是黑暗的外层空间；为了集中听众的注意，他向他们指出，他们中每一个人在死后注定要向内或向外通过这个区域。为了说服听众，他准备了直观的图片，展示了宇宙的一个截面，其中他用艺术手法描绘了地球上实际见到的太阳系和恒星；他说，更遥远的恒星的光并在一起形成了"一个光的暗圆"——银河。

稍后，他意识到了他的错误：这样一个银河会位于通过神圣中心和太阳系的每一个宇宙截面上，而实际的银河则是独一无二的。为解决这个问题，在1750年出版的精美插图本《一个新颖的宇宙理论》中，他大大削减了太阳和我们系统（现在他设想有许多这样的系统，每个系统有自己的神圣中心）其他恒星所占据的空间球壳的厚度。因此，在我们凝视空的空间以前，我们向内或向外看时，看到的只是少量邻近的（因而明亮的）恒星。但是当我们沿着壳层的切线方向看时，壳层的半径巨大，弯曲程度难以察觉，我们看到了大量的恒星，它们的光并在一起，创造出一种乳状的效应：银河的平面在我们的位置上与壳层相切。

次年，赖特这本书的提要（不含为理解他的古怪概念所附的插图）出现在了一本汉堡的期刊上，引起了德国哲学家伊曼努尔·康德（1724—1804）的注意。康德不是没有理由地假定，必定只有一个神圣中心，它位于宇宙某个遥远的地方，而且我们的恒星系完全处于自然的秩序之中。他知道我们业已在天空中观测到乳状斑点（星云）的情况，他相信它们是其他的恒星系；但是这些系统是椭圆形的，而一个球状系统不管从哪个角度看都将永远是圆形。所以康德选择了赖特提出的另一个模型，其中围绕我们神圣中心的恒星形成了一个扁平的环。康德认为，这个环（整体上处于自然秩序之中）不应当不间断地从一边延伸到另一边，形成一个完整的星盘；一个星盘从侧向看将呈椭圆形，正如业已观测到的星云一样。因此康德误以为赖特视银河为一个盘状的恒星聚合体，虽然它确实如此。

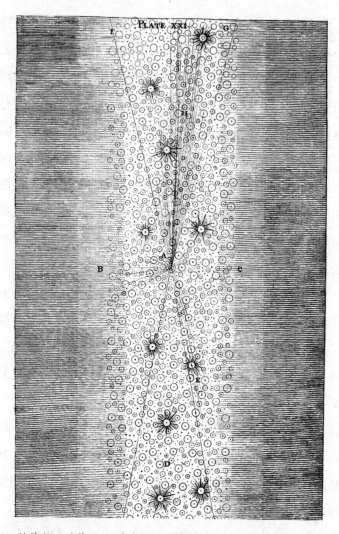

图16 赖特所用的草图,用来帮助读者理解他所推荐的恒星系的模型。在
这个想象的宇宙中,有一个被两个平行平面所限定的恒星层。在A的观测
者,当他从层内向外看时,在B或C的方向只会看到少量邻近的(因而明亮
的)恒星;但是当他沿着层面向D或E的方向看时,会看到或近或远数不清
的恒星,它们的光并在一起,形成一条银河的效果。摘自托马斯·赖特的
《一个新颖的宇宙理论》(1750)

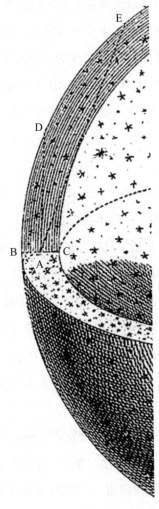

图17 赖特推荐的太阳系所属的恒星系模型。恒星占用的空间呈球壳结构，半径很大，曲率对一个位于A点的观测者来说难以察觉。所以对观测者来说，可见恒星层的内、外表面近似于平行的平面。同以前一样，向B或C的方向看时，观测者看到的只是少量邻近的因而明亮的恒星，而当沿层面向着诸如D和E的方向看时，看到的是不可胜计的恒星，它们的光并在一起形成一个银河的效果

由热情研究的业余爱好者构想出的这些情形及类似的推测几乎不可能对专业的天文学家形成冲击。但他们几乎不能忽视另一位业余爱好者在1781年发现的行星天王星。这位业余爱好者就是我们所熟知的威廉·赫歇尔，7年的战争流亡之后，这位音乐家从汉诺威来到英国。但是他的报告不够专业，而且他随口声称他是用目镜（据说其放大率甚至超过专业光学仪器）作出了这个发现，因此他成了一个有争议的人物。

1772年，赫歇尔将他的妹妹卡罗琳从汉诺威的家庭劳作中拯救出来，成为他做的每一件事的忠实助手。他对天文学的热心不久就左右了他们的生活。赫歇尔的雄心是了解"天的构造"。赫歇尔认识到为了观看那些遥远而暗弱的天体，他必须装备反射望远镜，以收集尽可能多的光——尽可能大的反射镜。他从当地铸造厂购买了圆盘，学习研磨和抛光，但他的抱负很快超出了他的能力：一个3英尺的玻璃圆盘就使他放弃了。1781年，他大胆地将家里的地下室变成一个铸造车间，但是他尝试了两次都失败了，还几乎遭受了灭顶之灾。

天王星的发现使赫歇尔的赞赏者有机会代表他去游说国王，1782年赫歇尔被授予了皇家津贴，使得他能够致力于天文学研究。他搬到了温莎城堡附近，在那里，他除了满足皇室家庭和他们的客人的观天要求之外，别无其他责任。他很快建造了史上最大的望远镜之一——一架焦距长达20英尺、口径为18英寸且有一个稳定平台（也同样重要）的反射望远镜。

卡罗琳坐在写字桌边当抄写员，赫歇尔一叫她，她就能听见。

赫歇尔在此后20年中用了很多时间来观测，致力于在夜空中"扫视"星云和星团。朝向南方的望远镜被安置在一定的高度，当天空在头顶上缓慢地转动时，望远镜可以上下微调，使其可以扫过可能含有星云的天空中的某一条带。他们开始时，只有约100个这样的神秘天体是已知的；到结束时，他们已经收集了2500个样品并进行了分类。

每个人都认识到，不能辨别出单颗恒星的遥远星团会呈现出星云状，如同银河那样。但是全体星云都是遥远的星团吗？有些会不会是由邻近的发光流体云（赫歇尔称之为"真正的星云状物质"）形成的？如果一个星云被观测到形状的改变，它就是一团邻近的云，因为一个遥远的星团太大了，不可能如此迅速地发生改变；1774年，在观测日志的第一页上，赫歇尔记下了猎户座大星云并不像它早先被描绘（17世纪由惠更斯所描绘）的那样。此后几年对同一星云的偶尔观测让他确信，星云会继续变化，因此它是由真正的星云状物质构成的。但是怎样区分真正的星云状物质和遥远的星团呢？赫歇尔认为他遇到了两类星云状物质：乳状的和有斑点的。他揣测有斑点的星云状物质反映了数不清的恒星的存在。

但1785年他遇到的一个星云包含了单颗的恒星和两种星云状物质；他将它解释为从观测者延伸开去的一个恒星系统。最近的恒星是单独可见的，更远的恒星看起来像有斑点的星云状物质，而最远的像乳状的星云状物质。因此，赫歇尔改变了早先的立场，判定所有的星云都是星团。

图18 威廉·赫歇尔"巨大的"20英尺反射望远镜(受托于1783年),本图摘自1794年发表的一张版画。他用这架仪器"扫视"天空,发现了2500个星云和星团。到了1820年,木建部分已大半朽烂,威廉的儿子约翰被迫建造了一个替代物,他将其携至好望角,将他父亲的工作拓展至了南天

但是星团意味着群集:一种吸引力或几种力——可能为牛顿引力——起着作用,将成员星愈发紧密地拉在一起。这意味着,一个星团里的恒星过去比现在更为松散;将来,它们会更紧密地抱成一团。

这样一来,赫歇尔将生物学的概念引入了天文学:他像自然史学家一样收集了大量的样品并进行分类,他按年龄——如年轻的、中年的和老年的——进行排列。他正改变着科学的本质。

1790年的一个晚上,他像往常一样扫视着天空时,偶然遇见

一颗恒星被一个星云状物质的晕所环绕。他认定这颗恒星定然由星云状物质凝聚而成，因而真正的星云状物质是存在的。他必须将自己恒星系统的发展理论向前推移，使其包含一个较早的位相，在这个位相中，稀薄的散射光在引力作用之下凝聚成星云状的云，恒星从中诞生。这些恒星形成了星团，最初是散布的，然后日益凝聚——直至最终星团坍塌，产生巨大的天体爆炸，爆炸产生的光开始了又一次的循环。赫歇尔的同时代人几乎都没有能观测到证据的仪器，所以不知道该如何应对。

威廉·赫歇尔的儿子约翰（1792—1871）将恒星天文学带入科学的主流。当他还年轻时，父亲说服他放弃在剑桥的事业回家，做父亲的学徒和天文学的继承人，负责重新检验和扩大父亲的天文样品收集。威廉的20英尺反射望远镜现在已因年代久远而朽烂，但他在1822年去世之前，监督约翰建造了一个替代物。

1825年，约翰开始修订父亲的英格兰可见星云的星表。完成之后——并且还坚定地谢绝了所有政府提供的资助——他坐船到了好望角，在那儿他花费了4年的时间，将父亲的星云、双星等星表扩展到南天范围。他成了唯一一个（并且依然是）用一架大望远镜观测了整个天球的人。

1838年3月，约翰·赫歇尔坐船返家时，作为观测者的生涯就此告终，赫歇尔家对大望远镜的垄断也是如此。那年，在爱尔兰中央地区的伯尔城堡，未来的罗斯伯爵威廉·帕森斯（1800—1867）加工和装配了部件，制成了直径3英尺的合成镜面。次年，他成功浇注了同样大小的单镜面，并于1845年完成了"帕森斯城

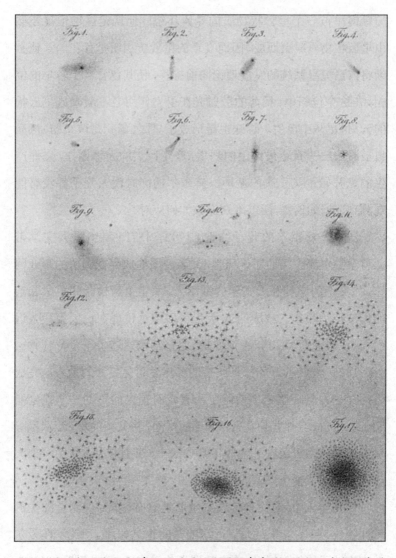

图 19 赫歇尔画的略图,表示他的星云和星团表中的天体按照成熟程度递增的序列排列:随着时间流逝,引力起的作用使星团越来越集中。摘自《哲学会刊》104卷(1814)

的巨兽"。这是一架吊在巨大石墙间的反射望远镜,镜子口径不小于6英尺,每块重达4吨。几周之内,这架反射望远镜就揭示出,有的星云在结构上是螺旋形的。

"巨兽"的设计旨在一劳永逸地解决以下这个问题:是不是全部星云都是被距离伪装起来的星团?观测肉眼可见的猎户座大星云是解决问题关键,在这一点上,人们达成了共识。正好反射镜足以观测确实嵌入这个(气态的)星云中的恒星。看到这些时,罗斯说服自己,他正在观看一个星团并且已胜利地将它分解成了多颗成员星。

图20  罗斯伯爵6英尺镜面的反射望远镜,受托于1845年。该年4月,罗斯用它发现了某些星云的旋涡结构

许多人同意，这个关于最大星云的发现能够推广，并且天文学不再需要"真正的星云状物质"了。他们的观点很快被证明是错误的，但等到那时，天文学已丧失了其自主性，并因为从事星光分析而与物理学和化学相结合。

# 后　记

　　在本书中，我们追随自古以来的观测者和理论家了解了天体——它们是什么，以及它们怎样表现。不管观测者是否意识到，他们的信息都是来自从这些天体发出现在正抵达地球的光：他们观测到的是光，而不是天体本身。

　　并非所有这样的光都是一样的。有的恒星闪耀着灿烂的白光，而其他恒星则有微红的色彩。距离我们最近的恒星太阳的白光和颜色之间的关系是1666年由艾萨克·牛顿建立的。他在剑桥大学三一学院居室的百叶窗上开了一个小孔，太阳光的光束通过一个棱镜照了进来。不出所料，他看到了具有彩虹全部颜色的熟悉光谱。当时公认的理论是，白光是简单而基本的，而颜色则源于白光的某种修改：开始时是白光，对白光作一些修改，得到了一种颜色。通过仔细实验，牛顿发现恰恰相反，颜色才是基本的，当重新并在一起时，它们会再次形成白光。太阳光就是由彩虹的颜色组成的。

　　牛顿研究的是光本身，而不是作为光源的太阳。威廉·赫歇尔是好奇地研究其他恒星光谱的第一位观测者，那架具有充分"聚光能力"的望远镜使他的工作成为可能。早在1783年，当他将20英尺反射望远镜指向一颗亮星时，他曾几次将棱镜放在望远镜的一个或另一个目镜上，但直到1798年4月9日，他才对6颗最亮的恒星作了短暂的研究。他发现，"天狼星的光由红、橙、黄、绿、蓝、紫红和紫色组成"，以及"大角星按比例比天狼星包含更多的红色和橙色，更少的黄色"。但是这些差别意味着什么，他并不知道。

后来有人对太阳光进行了仔细得多的分析，答案逐渐浮现了出来。1802年，威廉·海德·沃拉斯登（1766—1828）重复了牛顿的实验，用一个只有1/20英寸宽的夹缝代替了牛顿在百叶窗上开的小孔。他惊奇地发现，太阳光谱上有7条暗线，他将它们认定为颜色之间的分界线。但望远镜的制造者约瑟夫·夫琅和费在玻璃棱镜上作测试时，惊讶地发现事实上存在着几百条这样的线。他还发现在实验室里可以产生不同的光谱，由稀疏的亮线以及它们之间的暗区所组成（与太阳和恒星的连续光谱形成对照的一种"亮线"光谱）。

在紧接着的30年间，情况逐渐明朗，其深远意义也变得显而易见。其间，化学家威廉·本生（1811—1899）和物理学家基尔霍夫（1824—1887）这两个德国人起到了核心作用。1859年，他们证实了灼热的固体和液体能产生连续光谱，太阳光谱就是熟悉的例子，而灼热的气体则产生亮线光谱。1864年，英国天文学家威廉·哈金斯（1824—1910）从天龙座的一个星云中获得了可见的亮线光谱，终止了延续几个世纪的关于"真正的"（气体的）星云是否存在的辩论。每个元素都有自己的特征线位置。令人惊奇的是，连续光谱在通过一种气体时显示为"暗线光谱"，暗线是气体的特征。因此，一旦一种元素的谱线位置在实验室中被确定以后，研究者就能够证实该元素在恒星、星云或任一气体中的存在或缺失。

一个潘多拉的盒子被打开了。正如伟大的美国观测者詹姆斯·基勒所评述的："光向我们显示了，天体的存在也包含了它们的构造和物理状态的秘密。"1835年，奥古斯特·康特宣告了人类知识的局限，认为我们永远无法研究天体的化学组成，这一著名的论断在情感上很难让人接受。变革是如此深刻，以至于天文学失去了独立性，变成了物理学（和化学）的一个分支，正如哈金斯所说的：

　　　　然后，天文台第一次变成了实验室。释放出有害气体的原电池在窗外排列着；一个巨大的感应线圈连同一块带有莱顿瓶的电池安放在轮子上面的架子上，以便跟随望远镜的目端位置作出调整；搁板上本生炉、真空管、装化学物（特别是纯金属样品）的瓶子靠墙排列着。

天体的性质、结构和演化成了"天体物理学家"而不是天文学家的研究领域。开普勒给取的名字，"新天文学"，再一次被援引。同时，传统天文学与天体物理学一同兴旺和发展起来。

任何一门科学的历史都是永无止境的，当从业者人数逐级上升时，学科的范围也随之扩展。19世纪中期，天文学的变革标志着我们已讲述的故事的终止和（始终是）另一个故事的开始。

　　天文学研究现在成了科学家和工程师小组的团队工作。射电望远镜在人眼看不见的波长处截取辐射——信息。射电望远镜的组合可以等同于直径达几百千米的单个"抛物面天线"。镜面不断增大的光学望远镜被建在山顶，高出绝大部分的地球大气，并且主要建在南半球，在那儿，大多数有意义的深空天体有待观测。计算机驱动了望远镜，依靠"主动光学"对镜面的误差和仪器上方大气的微妙变化作出连续的补偿。新的技术极大地增加了获得的信息量。从哈勃空间望远镜及行星探测器等当代最先进的仪器中可以获取这些信息。看着宇宙飞船通过无线电连接传输到地球的图像，就很容易理解为什么对天文学家来说这是一个最激动人心的时刻。

# 译名对照表

## A

aberration of light 光行差

Adams, J. C. 亚当斯

Airy, G. B. 埃里

al-Khwarizmi 花剌子米

al-Sufi 苏菲

al-Tusi 图西

al-Zarqali 撒迦里

Alexandria 亚历山大

*Alfonsine Tables*《阿尔方索星表》

Alfonso X (King) 阿尔方索十世(国王)

Algol 大陵五

Alhazen 哈桑

*Almagest*《天文学大成》

Alpetragius 比特鲁基

annual parallax 周年视差

Apollonius of Perga 佩尔加的阿波罗尼乌斯

Aquinas, Thomas 托马斯·阿奎那

Argelander, F. W. A. 阿格兰德尔

Aristotle 亚里士多德

arithmetic, Babylonian 巴比伦的算术

asteroids 小行星

astrolabe 星盘

astrology 星相学,占星术

astronomy, Indian 印度的天文学

Averroes 评注者

## B

Baghdad 巴格达

Bede 比德

Bellarmine, Robert 罗伯特·贝拉明

Bentley, Richard 理查德·本特利

Bessarion, Johannes 约翰尼斯·贝萨瑞恩

Bessel F. W. 贝塞尔

Bode, J. E. 波得

Bode's Law 波得定则

Boethius 博埃修斯

Bologna University 博洛尼亚大学

Boulliau, Ismael 伊斯梅尔·布里奥

Bradley, James 詹姆斯·布拉德雷

Brahe 布拉赫

British Catalogue《不列颠星表》

Bunsen, William 威廉·本生

Buridan, Jean 让·布里丹

## C

Cairo Observatory 开罗天文台

Calcidius 卡西迪乌斯

calendar, agricultural 农用历书

Cassini, G. D. 卡西尼

cepheids 造父

Ceres 谷神星

Challis, James 詹姆斯·查理斯

Chéseaux, J.-P. L. de 德·谢塞奥

Hencke, K. L. 亨克

Herschel, Caroline 卡罗琳·赫歇尔

Herschel, John 约翰·赫歇尔

Herschel, William 威廉·赫歇尔

Hesiod 赫西俄德

Hipparchus 喜帕恰斯

Hooke, Robert 罗伯特·胡克

House of Wisdom 智慧宫

Hubble, Edwin 埃德温·哈勃

Hubble Space Telescope 哈勃空间望远镜

Huggins, William 威廉·哈金斯

Huygens, Christiaan 克里斯蒂安·惠更斯

Hven 汶岛

## I

Ibn al-Shatir 伊本·舍德

impetus 冲力

inertia, rectilinear 直线运动惯性

Istanbul Observatory 伊斯坦布尔天文台

## J

Jupiter, moons of 木星的卫星

## K

Kant, Immanuel 伊曼努尔·康德

Kepler, Johannes 约翰内斯·开普勒

Kirchhoff, G. V. 基尔霍夫

## L

Lacaille, N.-L. de 拉卡伊

laws, Kepler's 开普勒定律

Le Verrier, U. J. J. 勒威耶

Leibniz, G. W. 莱布尼茨

*Letter to the Grand Duchess Christina*《致大公夫人克里斯蒂娜的信》

Leviathan of Parsonstown 帕森斯城的巨兽

light, formed of colours 颜色形成的光

logic 逻辑

longitude, determination of 经度的确定

lunar distances, method of 确定月球距离的方法

## M

Macrobius 马克罗比乌斯

Maragha Observatory 马拉盖天文台

Mars, orbit of 火星的轨道

Martianus Capella 马丁纳斯·卡佩拉

Maskelyne, Nevil 奈维尔·马斯基林

Mayer, Tobias 图比亚斯·迈耶尔

mechanical philosophy 机械论哲学

Mercury, perihelion of 水星的近日点

Meton 默冬

Michell, John 约翰·米歇尔

Milky Way 银河

Mnajdra 姆那德拉

Mohammad 穆罕默德

Molyneux, Samuel 塞缪尔·莫利纽克斯

Moon, apparent size of 月球的视大小

mountains on 上的山

Murad III (Sultan) 穆拉德三世（苏丹）

*muwaqquit* "穆瓦奇特"

## N

*Nautical Almanac*《航海历书》

navigation 航行

Neptune 海王星

*New Astronomy*《新天文学》

Newton, Isaac 艾萨克·牛顿

Nile, flooding of 尼罗河泛滥

novae 新星

nutation 章动

## O

Olbers, Wilhelm 威廉·奥伯斯

Olbers's Paradox 奥伯斯佯谬

omens, significance of 预兆的意义

orbits, elliptical 椭圆轨道

Oresme, Nicole 尼古拉·奥莱斯姆

*Original Theory of the Universe, An*《一个新颖的宇宙理论》

Osiander, Andreas 安德烈亚斯·奥西安德

## P

Padua University 博杜瓦大学

Paris University 巴黎大学

Parsons, William (Lord Rosse) 威廉·帕森斯（罗斯伯爵）

Peurbach, Georg 乔治·普尔巴赫

Piazzi, Giuseppe 朱塞佩·皮亚齐

Pigott, Edward 爱德华·皮戈特

*Planetary Hypotheses*《行星假设》

planets, distances of 行星的距离

Plato 柏拉图

prayer, hours of 祈祷时间

precession 岁差

*Principia*《原理》

*Principles of Philosophy, The*《哲学原理》

printing 印刷术

probes, planetary 行星探测器

projectile motion 抛体运动

proper motions 自行

Providence, role of 天意（上帝）的作用

*Prutenic Tables*《普鲁士星表》

Ptolemy 托勒密

pyramids, alignment of 金字塔的排列

## Q

*qibla* "奇布拉"

quadrant, double-reflection 双反射象限仪

## R

radio telescopes 射电望远镜

refraction 折射

Regiomontanus 雷纪奥蒙塔努斯

Reinhold, Erasmus 伊拉斯谟·莱因霍尔德

Relativity, General Theory of 广义相对论

Rheticus, G. J. 赖蒂库斯

Royal Society 皇家学会

Rudolf II (Emperor) 鲁道夫二世（皇帝）

*Rudolphine Tables*《鲁道夫星表》

## S

Sacrobosco 萨克罗博斯科

Samarkand Observatory 撒马尔罕天文台

Saturn, moons of 土星的卫星

Sirius, distance of 天狼星的距离

spectra of stars 恒星光谱

# 扩展阅读

The present work is in effect an introduction to two closely related books by the author and colleagues, either of which would serve as a text for further reading. They are: Michael Hoskin (ed.), *The Cambridge Illustrated History of Astronomy* (hereafter *CIHA*; Cambridge, 1997); and Michael Hoskin (ed.), *The Cambridge Concise History of Astronomy* (*CCHA*; Cambridge, 1999). The *Illustrated History* has numerous illustrations in colour, while in the *Concise History* the text (despite the book's title) is amplified with additional technical material. The subjects of our first four chapters are further discussed in articles in Christopher Walker (ed.), *Astronomy Before the Telescope* (*ABT*; London, 1996). The relevant sections of these works are given first in the suggested further reading below. For an alternative overview of the whole history of astronomy, see the paperback by John North, *The Fontana History of Astronomy and Cosmology* (London, 1994).

All the books cited above include bibliographies. Individual astronomers are treated authoritatively in the multi-volume *Dictionary of Scientific Biography*, edited by C. C. Gillispie (New York, 1970–1990), available in many reference libraries.

Those wishing to keep abreast of current work in the field may consult the *Journal for the History of Astronomy* (Science History Publications, Cambridge).

## Chapter 1
*CIHA* or *CCHA*, Chapter 1; *ABT*, article by Ruggles.

The customs of orienting buildings on heavenly bodies in prehistoric Europe and the Mediterranean area are discussed in Michael Hoskin, *Tombs, Temples and Their Orientations: A New Perspective on Mediterranean Prehistory* (Bognor Regis, 2001). For the British Isles, see Clive Ruggles, *Astronomy in Prehistoric Britain and Ireland* (New Haven and London, 1999), a more technical work with discussions of methodology.

## Chapter 2
*CIHA* or *CCHA*, Chapter 2; *ABT*, articles by Wells, Britton and Walker, Toomer, Jones, and Pingree.

A wide-ranging and user-friendly book is James Evans, *The History & Practice of Ancient Astronomy* (New York and Oxford, 1998). Otto Neugebauer, *Exact Sciences in Antiquity*, 2nd edn. (Providence, RI, 1957), is somewhat dated, but the work of a master. Astrology was a powerful motivation for astronomy in antiquity; the best account is Tamsyn Barton, *Ancient Astrology* (London and New York, 1994).

## Chapter 3
*CIHA* or *CCHA*, Chapters 3 and 4; *ABT*, articles by Field, King, and Pedersen.

On astronomy in Christendom, see Stephen C. McCluskey, *Astronomers and Cultures in Early Medieval Europe* (Cambridge, 1998), and Edward Grant, *Planets, Stars, and Orbs: The Medieval Cosmos, 1200–1687* (Cambridge, 1994).

## Chapter 4
*CIHA* or *CCHA*, Chapter 5; *ABT*, articles by Swerdlow and Turner.

Astronomy of the period is treated systematically in *The General History of Astronomy*, Vol. 2: *Planetary Astronomy from the*

*Renaissance to the Rise of Astrophysics*, edited by R. Taton and C. Wilson, Part A: *Tycho Brahe to Newton* (Cambridge, 1989).

**Chapter 5**
*CIHA* or *CCHA*, Chapter 6.

The General History of Astronomy, Vol. 2, Part A, Chap. 13 is the best introduction to Newton's *Principia*, while Part B of the same work, *The Eighteenth and Nineteenth Centuries* (Cambridge, 1995) is excellent on the implementation of the Newtonian programme.

**Chapter 6**
*CIHA* or *CCHA*, Chapter 7.

Michael Hoskin, *Stellar Astronomy: Historical Studies* (Cambridge, 1982: Science History Publications, 16 Rutherford Road, Cambridge CB2 2HH).